W0254854

Lutz Schimmelpfeng Rolf Huber (Hrsg.)

Elektrik-, Elektronikschrott, Datenträgerentsorgung

Möglichkeiten und Grenzen der Elektronikschrott-Verordnung

Mit 56 Abbildungen

Springer-Verlag
Berlin Heidelberg New York London Paris Tokyo
Hong Kong Barcelona Budapest

Dr. Lutz Schimmelpfeng
Dipl.-Ing. Rolf Huber

Umweltinstitut Offenbach GmbH
Nordring 82B
63067 Offenbach

ISBN-13:978-3-540-58594-7 e-ISBN-13:978-3-642-79370-7
DOI: 10.1007/978-3-642-79370-7

Die Deutsche Bibliothek — CIP-Einheitsaufnahme:
Elektrik-, Elektronikschrott, Datenträgerentsorgung: Möglichkeiten und Grenzen der Elektronikschrott-Verordnung / Lutz Schimmelpfeng ; Rolf Huber. — Berlin ; Heidelberg ; New York ; London ; Paris ; Tokyo ; Hong Kong ; Barcelona ;
ISBN-13:978-3-540-58594-7
NE: Schimmelpfeng, Lutz [Hrsg.]

Einbandgestaltung: E. Kirchner, Heidelberg
SPIN: 10488218 30/3130 — 5 4 3 2 1 0 — Gedruckt auf säurefreiem Papier

Vorwort

Schon seit langer Zeit steht die Problematik der Verwertung elektrischer und elektronischer Geräte nach dem Ende ihrer Nutzung in der Diskussion.

Die Dringlichkeit dieser Fragestellung läßt sich an den Schätzungen des Zentralverbandes der Elektrotechnik- und Elektronikindustrie e.V. (ZVEI) absehen, die von einem Anfall von ca. 1,5 MillionenTonnen an gebrauchten elektrischen und elektronischen Geräten im Jahre 1994 ausgehen, das sind ungefähr 5 % des Gesamtaufkommens an Siedlungsabfällen.

Hiervon enfallen etwa 60 % auf ausgemusterte Geräte aus privaten Haushalten. So werden z. B. nach den Erhebungen des ZVEI jährlich alleine fast 4 Millionen Fernsehgeräte nach einer Nutzungsdauer von zwischen 5 und 10 Jahren ausgemustert und wandern auf den Müll (alle Zahlen bezogen auf die alten Bundesländer).

Dieses gewaltige Abfallproblem bedarf sowohl von seiner Quantität her als auch wegen des Schadstoffpotentials der zu entsorgenden Elektro- und Elektronikgeräte dringend – nicht nur in Deutschland – einer gesetzlichen Regelung. So findet man z. B. in den Niederlanden, Dänemark und in Schweden Gesetzgebungsinitiativen, die sich an den Entwurf des deutschen Kreislaufwirtschaftsgesetzes anlehnen. In Japan ist bereits seit Anfang 1992 eine Verordnung zur Rücknahme von Elektrogroßgeräten in Kraft, während in Österreich eine freiwillige Vereinbarung zwischen Handel, Industrie und Regierung abgeschlossen wurde.

In Deutschland wurde im Dezember 1992 die Überarbeitung eines Entwurfs der "Elektronikschrott-Verordnung" diskutiert und vorgestellt, die nach Vorlage und Verabschiedung in Kabinett und Bundesrat demnächst in Kraft treten soll.

Das Umweltinstitut Offenbach führte im April 1994 eine zweitägige Fachtagung mit dem Titel "Elektrik-/Elektronikschrott, Datenträgerentsorgung – Möglichkeiten und Grenzen der Elektronikschrott-Verordnung" durch.

Die sich während der Tagung an die einzelnen Referate anschließenden, teils sehr kontroversen Diskussionen zeigten deutlich die Dimensionen und den Handlungsbedarf auf diesem Gebiet. Das vorliegende Buch, das die Beiträge dieser Fachtagung in der Textfassung wiedergibt, beleuchtet die Thematik aus der Sicht des Verordnungsgebers, der von den in der Verordnung vorgeschriebenen Regelungen betroffenen Industrien (sowohl Herstellung als auch Entsorgung) sowie aus technischer Sicht.

Offenbach, im Oktober 1994

Lutz Schimmelpfeng
Rolf Huber

Inhaltsverzeichnis

Autorenverzeichnis

Dipl.-Kfm. Jürgen Behrendt
Behrendt Recycling GmbH
Gutenbergstr. 34-38
24536 Neumünster

Dr. Joachim Crone
Agfa-Gevaert AG Werk München
FT-TC/Recycling
Postfach 900151
81536 München

Chem.-Ing Jürgen E. Dechert
IBM Deutschland
Umweltschutzbeauftragter
Senefelder Straße
63110 Rodgau

Norbert Eisenreich
Fraunhofer-Institut für Chemische Technologie (ICT)
Joseph-von-Fraunhofer-Straße 7
76327 Pfinztal-Berghausen

Dipl.-Ing. Karin Fischer
Umweltbundesamt
Bismarckplatz 1
14193 Berlin

Dr. Adam Geißler
Fraunhofer-Institut für Chemische Technologie (ICT)
Joseph-von-Fraunhofer-Straße 7
76327 Pfinztal-Berghausen

Dipl.-Ing. Stefan Keimeier
Cover-tronic GmbH
Adam-Opel-Str. 11
33181 Haaren/Westfalen

Dr. Peter-Jörg Kühnel
Siemens AG
Zentrales Umweltschutzreferat
Produktrecycling
Paul-Gossen-Str. 100
91052 Erlangen

Thomas Lenius
Bund für Umwelt und Naturschutz Deutschland (BUND)
Referat Chemie
Im Rheingarten 7
53225 Bonn

Oliver Müller
Electronic Recycling GmbH
Otto-Hahn-Str. 1-3
63225 Langen

Dr. Dirk Schöpf
ELPRO GmbH
Am Hafen 8-9
38112 Braunschweig

Dipl. Ing. (FH) Dieter Schreiber
Schreiber-Organisation
Hege 68
88142 Wasserburg

Prof. Dr. Hiltmar Schubert
Fraunhofer-Institut für Chemische Technologie (ICT)
Joseph-von-Fraunhofer-Straße 7
76327 Pfinztal-Berghausen

Uwe Volkemer
SBR-GmbH
Am Funkturm 2
66482 Zweibrücken

Dr. Franz-Josef Wissing
Zentralverband Elektrotechnik-und Elektronikindustrie e.V. (ZVEI)
Stresemann-Allee 19
60596 Frankfurt am Main

Lösungskonzept der deutschen Elektroindustrie für die Verwertung und Entsorgung elektrotechnischer und elektronischer Geräte

Franz-Josef Wissing

ZVEI-Memorandum zum Entwurf einer "Elektronikschrott-Verordnung"

Die deutsche Elektroindustrie sieht sich dem Schutz der Umwelt und der Schonung der natürlichen Ressourcen verpflichtet. Sie arbeitet aus diesem Grunde seit vielen Jahren an umweltverträglichen Herstellungsverfahren und Produkten.

Die Elektroindustrie unterstützt die abfallwirtschaftlichen Ziele des vom Bundesministerium für Umwelt, Naturschutz und Reaktorsicherheit vorgelegten Entwurfs einer "Elektronikschrott-Verordnung".

Zum Geleit

Das vorliegende Lösungskonzept der deutschen Elektrotechnik- und Elektronikindustrie für die Verwertung und Entsorgung elektrotechnischer und elektronischer Geräte nennt konkrete Schritte zur verbrauchernahen Erfassung und umweltgerechten Verwertung ihrer verschiedenen Produkte.

Die Elektrotechnik- und Elektronikindustrie sieht ihre vorrangige Aufgabe in der Entwicklung und Einführung umweltverträglicher Produkte und Produktionsverfahren. Damit legt sie die Grundlage für eine signifikante Verbesserung des Umweltschutzes.

Weitere Kernelemente des Konzeptes sind:

1. die Nutzung vorhandener Sammelsysteme,
2. die enge Zusammenarbeit mit der Entsorgungswirtschaft und
3. die Erhebung der Verwertungskosten vom Letztbesitzer zum Zeitpunkt der Rückgabe.

Die Heterogenität der elektrotechnischen Erzeugnisse und ihre unterschiedlichen Marktgegebenheiten machen einen modularen Aufbau der künftigen Entsorgungsstrukturen notwendig.

Das Lösungskonzept sieht die systematische Vernetzung der Kompetenzen und Möglichkeiten aller Beteiligten vor: Die Einbeziehung der Industrie, des Handels, der Verbraucher, der Kommunen, der Entsorgungswirtschaft und des Gesetzgebers stellt den besten Weg zu einer nachhaltigen Entlastung der Umwelt dar, ohne die Volkswirtschaft mit Kosten zu belasten, die nicht direkt dem Umweltschutz zugute kommen. Die deutsche Elektroindustrie wird die Umsetzung dieses Konzeptes aktiv fördern und verspricht sich hiervon rasche Erfolge bei der umweltgerechten Verwertung und Entsorgung gebrauchter elektrischer und elektronischer Geräte.

Handlungsbedarf und Lösungskonzept

Die Vermeidung, Verminderung und Verwertung von Abfällen aus gebrauchten elektrischen und elektronischen Geräten ist nicht nur eine ökologische und ökonomische Notwendigkeit, sondern auch eine gesamtgesellschaftliche Aufgabe, deren einzelne Schritte von denen gelöst werden müssen, die dazu jeweils am besten in der Lage sind.

Die Elektroindustrie wird innerhalb einer solchen Solidargemeinschaft an der Lösung dieser Aufgabe im Rahmen ihrer Möglichkeiten und Kompetenzen aktiv mitwirken und eigene Beiträge in den Bereichen leisten, die ihrer unmittelbaren Verantwortung unterliegen.

Die mehr als zweijährige Auseinandersetzung der Unternehmen der Elektroindustrie mit dieser Problematik hat zu der Erkenntnis geführt, daß im Rahmen eines Gesamtlösungsansatzes branchen- und produktspezifische Besonderheiten berücksichtigt werden müssen. Dabei müssen gewachsene und bewährte Strukturen bei Sammlung, Verwertung, Entsorgung und Finanzierung erhalten bleiben. Dies entspricht auch den Ansätzen in anderen EG-Mitgliedsstaaten.

Zur Lösung der *gesamtgesellschaftlichen Aufgabenstellung* müssen die erforderlichen Rahmenbedingungen durch den Gesetzgeber geschaffen werden. Die aktive Beteiligung aller betroffenen Kreise – Verbraucher, Bund, Länder und Gemeinden, Elektroindustrie, Handel und Importeure, Vormaterialhersteller, Verwerter und Entsorger – muß sichergestellt sein. Besondere Bedeutung hat dabei die Schaffung von Planungs- und Genehmigungssicherheit. Um wirtschaftlich tragbare und effektive Lösungen überhaupt zu ermöglichen, muß die branchenbezogene Zusammenarbeit auf diesem Gebiet kartellrechtlich abgesichert sein.

Unter diesen Voraussetzungen ergeben sich die folgenden Schritte bei der Realisierung.

Realisierungsschritte

Umweltverträgliche Produktgestaltung

Die Elektroindustrie hat die Verantwortung für die umweltverträgliche Produktgestaltung. Dies gilt für recyclinggerechte Konstruktion, für umweltgerechte Fertigung sowie minimalen Energie- und Umweltverbrauch bei der Nutzung ihrer Produkte. Recyclingfreundliche Konstruktion bedeutet:

- Reduzierung der Materialvielfalt,
- Vermeidung von Problemstoffen,
- Kennzeichnung schadstoffhaltiger Bauteile,
- Erleichterung erforderlicher Demontage,
- Einsatz von gesichert verfügbaren Sekundärrohstoffen, wenn dies technisch und wirtschaftlich sinnvoll ist.

Die Elektroindustrie wird über die Fortschritte bei der Umweltverträglichkeit ihrer Produkte regelmäßig berichten.

Rücknahme und Sammlung

Das *Neben- und Miteinander* der etablierten und bewährten Lösungsmöglichkeiten muß aus marktwirtschaftlichen Gründen gewahrt bleiben. Rücknahme und Sammlung stützen sich auf die folgenden Kreise, die weiterhin *eigenverantwortlich* agieren müssen:

- Kommunen,
- Sammelunternehmen,
- Handel,
- Verwerter,
- Hersteller/Importeure,
- Mischformen (gemeinsame Lösungen der oben Genannten)

Die Elektroindustrie wird bei der Anpassung bestehender Systeme mitwirken und sinnvolle Ergänzungen dann aufbauen, wenn es aufgrund spezifischer Marktgegebenheiten hierdurch möglich ist, die Kosten für den Letztbesitzer zu senken.

Verwertung

Die Verwertungstechnologie unterscheidet sich grundsätzlich von der Produktionstechnologie der in Frage stehenden Produkte. Die Verwertung hat deshalb durch qualifizierte Fachfirmen zu erfolgen.
Die Elektroindustrie wird zur Mitgestaltung dieses Bereichs beitragen durch:

- Bereitstellen ihres produktspezifischen Know-hows für die Entwicklung von Verwertungstechnologien,
- Bereitstellen von Basisdaten als Planungsgrundlage für den Aufbau von

Verwertungskapazitäten,
- Bewertung zeitlicher Szenarien für den Kapazitätsaufbau in Abstimmung mit der Verwertungsindustrie,
- Erarbeiten von Qualitätsstandards zur Zertifizierung von Verwertungsunternehmen.

Dabei geht die Elektroindustrie von folgenden Prämissen aus:

- Die Art der Verwertung (werkstofflich/rohstofflich/energetisch) richtet sich nach den ökologischen und ökonomischen Gegebenheiten (verfügbare Kapazitäten).
- Zwischenlagerung ist keine Lösung.
- Materialien können nur unter Einbeziehung der Vormaterialhersteller in den Kreislauf zurückgeführt werden.

Entsorgung

Materialkreisläufe können nicht vollständig geschlossen werden. Die Notwendigkeit zur Entsorgung von Reststoffen bleibt. Dies setzt folgendes voraus:

- Thermische Behandlung der Reststoffe zum Schadstoffabbau und zur Volumenreduzierung durch Betreiber entsprechender Anlagen.
- Reststoffdeponierung durch Kommunen und andere Deponiebetreiber. Dies erfordert den gesellschaftlichen Konsens auch auf kommunaler Ebene.

Finanzierung

Die Kosten für die Rücknahme und Verwertung müssen unabhängig von der konkreten Form der Finanzierung in jedem Fall durch den Letztbesitzer erbracht werden. Nach Abwägung aller möglichen Finanzierungsmodelle ergibt sich als kostengünstigste Lösung die Übernahme der Kosten durch den Letztbesitzer zum Zeitpunkt der Rückgabe. Das kann je nach Produkt direkt oder indirekt, d. h. über direkte Bezahlung oder die allgemeinen Müllgebühren erfolgen.

Dies ist das einzige System, das keinen zusätzlichen Verwaltungsaufwand nach sich zieht, das dem Prinzip der Kostenwahrheit und Kostenklarheit für den Verbraucher am nächsten kommt und das nicht zu Wettbewerbsverzerrungen zu Lasten von Herstellern und Handel am Standort Deutschland führt.

Fakten und Vorgehen

Zur Vermeidung, Verringerung und Verwertung von Abfällen gebrauchter elektrischer und elektronischer Geräte sind unterschiedliche Aufgaben zu lösen. Die Verantwortung für diese Einzelschritte ist jeweils von den Partnern der Solidargemeinschaft zu übernehmen, die dafür die notwendige Sachkunde und Kompetenz besitzen.

Es ist von folgenden Gegebenheiten auszugehen:

- 1994 können bis zu 1,5 Mio. t gebrauchter elektrischer und elektronischer Geräte für den Bereich der alten Bundesländer anfallen. Hiervon kommen ca. 600 000 t aus dem industriellen und gewerblichen Bereich. Zirka 900 000 t fallen in den privaten Haushalten an. Die großen Haushaltsgeräte stellen mit ca. 560 000 t den weitaus größten Gewichtsanteil der Konsumgeräte. Bedingt durch jeweils unterschiedliches Verbraucherverhalten wird bei einzelnen Produktgruppen der Rücklauf in der Praxis deutlich geringer ausfallen.
- Die Kommunen forcieren die differenzierte Abfallsammlung. Die Abholung bzw. Abgabe ist für die privaten Haushalte in der Regel "kostenlos", d. h. die Kosten sind bereits in den Müllgebühren enthalten.
- Für große Haushaltsgeräte sind Verwertungstechniken und -kapazitäten vorhanden, eine weitgehend getrennte Erfassung der Geräte über Kommunen und Handel ist bereits heute gegeben.
- Für Geräte mit Bildröhren (Fernsehgeräte, Personalcomputer usw.) sind Verwertungstechniken und -kapazitäten noch nicht ausreichend; eine getrennte Erfassung der in privaten Haushalten eingesetzten Geräte erfolgt bereits teilweise durch die kommunalen Systeme bzw. beim Handel.
- Kleingeräte (Unterhaltungselektronik, Telefone, Haushaltsgeräte, Elektrowerkzeuge): Eine getrennte Erfassung erfolgt zur Zeit üblicherweise nicht; Verwertungstechniken sind teilweise vorhanden oder in Entwicklung.
- Investitionsgüter gelangen nicht in den allgemeinen Hausmüllstrom, sondern werden zum großen Teil einer Verwertung zugeführt und sachgerecht entsorgt.

Die Elektroindustrie beschäftigt sich seit mehr als zwei Jahren unter Einsatz beträchtlicher finanzieller und personeller Mittel mit dieser Problematik. Die hieraus gewonnenen Erkenntnisse zeigen, daß im Rahmen eines Gesamtlösungsansatzes branchen- und produktspezifische Besonderheiten berücksichtigt werden müssen. Dabei sind gewachsene und bewährte Strukturen bei Sammlung, Verwertung, Entsorgung und Finanzierung zu erhalten. Dies entspricht auch den Ansätzen in anderen EG-Mitgliedsstaaten.

Nicht zielführend ist dagegen die Forderung nach kostenloser Rücknahme durch Handel und Hersteller sowie die Übertragung der gesamten Verantwortung für Sammlung, Verwertung und Entsorgung von gebrauchten elektrischen und elektronischen Geräten allein auf Handel, Industrie und Importeure. Aus Sicht der Elektroindustrie ist dieses Konzept nicht tragfähig, da

- Handel, Industrie und Importeure mit artfremden Aufgaben belastet werden (eine reine Verlagerung der Zuständigkeit löst die Probleme nicht);
- die Internalisierung externer Kosten für langlebige Gebrauchsgüter nur in Einzelfällen umsetzbar ist;
- die Einrichtung weiterer haushaltsnaher Sammelsysteme in der Regel mit zusätzlichen Umweltbelastungen (Verkehr) und hohen Kosten verbunden ist;
- ein großer Teil der entstehenden Kosten (Logistik und Verwaltung) nicht durch umweltgerechte Produktgestaltung beeinflußbar ist;
- Einführungstermine erwartet werden, ohne bestehende bzw. aufzubauende Verwertungskapazitäten zu berücksichtigen;
- die Einbindung in europäische Lösungsansätze weder hinsichtlich Finanzierung noch Organisation möglich ist.

Vielmehr ist diese Aufgabe nur *gesamtgesellschaftlich* zu lösen. Dies erfordert die aufgeschlossene und aktive Beteiligung aller betroffenen Kreise: Verbraucher, Bund, Länder und Gemeinden, Elektroindustrie, Handel und Importeure, Vormaterialhersteller, Verwerter und Entsorger.

Die nachstehend aufgeführten Einzelmaßnahmen beschreiben das Lösungskonzept der Elektroindustrie.

Einzelmaßnahmen

Umweltverträgliche Produktgestaltung

Die Elektroindustrie hat die Verantwortung für die umweltverträgliche Produktgestaltung. Dies gilt für recyclinggerechte Konstruktion, für umweltgerechte Fertigung sowie minimalen Energie- und Ressourcenverbrauch bei der Nutzung ihrer Produkte.

Strom,- Wärme- und Wasserverbrauch bei der Produktion haben sich im Verhältnis zu steigenden Stückzahlen drastisch verringert. Ebenfalls konnten die Mengen anfallender Produktionsabfälle durch Vermeiden kritischer Prozesse sowie durch innerbetriebliche Aufbereitungs- und Rückgewinnungsanlagen erheblich reduziert werden.

Ein wesentlicher Gesichtspunkt der Gesamtbeurteilung eines Produktes ist auch der Energieeinsatz sowohl bei der Produktion als auch während der Gebrauchsphase beim Nutzer. Hier hat die Elektroindustrie in den vergangenen Jahren beachtliche Verbesserungen erzielt.

Die Unternehmen der Elektroindustrie werden Maßnahmen für eine Verlängerung der Gebrauchsdauer der von ihnen hergestellten Geräte treffen, soweit das ökologisch sinnvoll ist. Hierbei ist den jeweiligen Produktspezifika Rechnung zu tragen. Die Marktkräfte werden zunehmend umweltgerecht konstruierte Geräte fordern.

Die Hersteller werden ihre bereits begonnenen Anstrengungen intensivieren und ihre Geräte unter Einbeziehung der zugelieferten Komponenten und Teile nach dem jeweiligen Stand der Technik recyclinggerecht konstruieren. Hierunter sind u. a. die folgenden Maßnahmen zu verstehen:

- Reduzierung der Materialvielfalt, d. h nicht mehr Stoffarten verwenden, als zur Funktionserfüllung unbedingt notwendig;
- Vermeidung von Problemstoffen und bevorzugter Einsatz recyclinggerechter Werkstoffe;
- Kennzeichnung schadstoffhaltiger Bauteile;
- Erleichterung erforderlicher Demontage, um die Gewinnung getrennter Fraktionen zu erlauben,
- Wiederverwendung von Teilen, soweit möglich;
- Einsatz von gesichert verfügbaren Sekundärrohstoffen in der Produktion, wenn dies technisch und wirtschaftlich sinnvoll ist.

Die Elektroindustrie stellt sich diesen Aufgaben und ist bereit, die interessierte Öffentlichkeit zu informieren. Sie wird über die Fortschritte bei der Umweltverträglichkeit ihrer Produkte regelmäßig berichten.

Rücknahme und Sammlung

Die Wege der Rücknahme gebrauchter Elektro- und Elektronikgeräte müssen sich nach den technischen Gegebenheiten der Geräte und nach den vorhandenen Marktstrukturen richten. Deshalb müssen unterschiedliche Möglichkeiten angeboten werden. Insbesondere müssen innerhalb der Vielfalt die bestehenden Rücknahmewege über die kommunalen Gebietskörperschaften erhalten bleiben.

- Im Haushalt fallen nicht nur Elektrogeräte, sondern viele weitere Gebrauchsgegenstände mit spezifischer Abfallrelevanz an. Eine jeweils zeitlich getrennte Abholung/Sammlung beim Endverbraucher oder der Aufbau zusätzlicher Bringsysteme mit unterschiedlichen Anlieferstellen ist in der Regel unwirtschaftlich und nimmt dieMitwirkungsbereitschaft des Bürgers über Gebühr in Anspruch.
- "Mülltonnenfähige" Kleingeräte müssen haushaltsnah gesammelt werden, wenn ein hoher Erfassungsgrad erreicht werden soll. Eine Trennung ist z. B. über die Erfassung in getrennten Kleinteilebehältern bzw. Sammelcontainern möglich. Das jeweilige Verfahren richtet sich nach den technischen Erfordernissen der Verwertung und nach den örtlichen Gegebenheiten der Haushalte (Innenstadt/Landgemeinde).
- Auch Großgeräte müssen weiterhin über kommunale Sammelsysteme zurück-

genommen werden (zerstörungsfreie Sperrgutabfuhr, Abgabe beim Recyclinghof).
- Im Rahmen der Marktgepflogenheiten nimmt der Handel ebenfalls Geräte zurück.
- Die Elektroindustrie wird an der Weiterentwicklung bestehender Rücknahmewege mitarbeiten. Sie wird sinnvolle Ergänzungen dann aufbauen, wenn es aufgrund spezifischer Marktgegebenheiten hierdurch möglich ist, die Kosten für den Letztbesitzer zu senken.
- Sowohl die kommunalen Gebietskörperschaften als auch die Sammelunternehmen, der Handel und die zurücknehmenden Hersteller bzw. Importeure beauftragen jeweils qualifizierte Fachunternehmen mit der Verwertung.

Rücknahme und Sammlung stützen sich also auf die folgenden Kreise, die weiterhin eigenverantwortlich agieren müssen:

- Kommunen,
- Sammelunternehmen,
- Handel,
- Verwerter,
- Hersteller/Importeure,
- Mischformen (gemeinsame Lösungen der oben Genannten).

Dieses Neben- und Miteinander der etablierten und bewährten Lösungsmöglichkeiten muß aus marktwirtschaftlichen Gründen gewahrt bleiben.

Verwertung

Die Verwertungstechnologie unterscheidet sich grundsätzlich von der Produktionstechnologie der in Frage stehenden Produkte.

Die Verwertung hat deshalb durch qualifizierte Fachfirmen zu erfolgen. Eine "Produktion rückwärts" kann es deshalb für Elektrogeräte in der Regel nicht geben. Auch die Wiederverwendung von Bauelementen bzw. Baugruppen kann nur bei einigen wenigen Produktgruppen praktiziert werden.

Die Verwertungskapazitäten sind für die Gesamtmenge aller Elektrogeräte nicht ausreichend, für einige Fraktionen sind sie heute noch nicht vorhanden (speziell Kunststoffe). Es darf keine Forderung nach Verwertungsarten geben, für die nicht entsprechende Kapazitäten vorhanden sind. Der Zwang zur Zwischenlagerung schafft neue Probleme.

Die Elektroindustrie wird zur Mitgestaltung dieses Bereichs in folgender Weise beitragen:

- Die Elektroindustrie stellt ihr produktspezifisches Know-how für die Entwicklung von neuen Verwertungstechnologien bzw. die Weiterentwicklung bestehender Techniken zur Verfügung.
- Die Unternehmen der Elektroindustrie sind ständiger Ansprechpartner für die

Entsorgungswirtschaft in der Diskussion und bei der Lösung technischer Probleme der Verwertung.
- Die Elektroindustrie wird Entsorgungserklärungen für ihre Geräte zur Verfügung stellen, damit der Stoffkreislauf möglichst umfassend geschlossen bzw. die mit der Entsorgung verbundene Umweltbelastung auf das jeweils unvermeidbare Maß reduziert werden kann. Dazu gehören u. a. Demontageanleitungen, Stofflisten, Lagerempfehlungen, Transporthinweise.
- Die Hersteller werden Basisdaten als Planungsgrundlage für den Aufbau von Verwertungskapazitäten bereitstellen.
- Sie bewerten zeitliche Szenarien für den Kapazitätsaufbau in Abstimmung mit der Verwertungsindustrie.
- Zur Überprüfung von Verwertungs- und Entsorgungsunternehmen sind Prüfspezifikationen erforderlich. Die Elektroindustrie wird Qualitätsstandards zur Zertifizierung von Verwertungsunternehmen gemeinsam mit der Entsorgungswirtschaft entwickeln.

Dabei geht die Elektroindustrie von folgenden Prämissen aus:

- Die Art der Verwertung (werkstofflich/rohstofflich/energetisch) richtet sich nach den ökologischen und ökonomischen Gegebenheiten (verfügbare Kapazitäten).
- Zwischenlagerung ist keine Lösung.
- Materialkreisläufe sind nur unter Einbeziehung der Vormaterialhersteller zu schließen.

Entsorgung

Materialkreisläufe können nicht vollständig geschlossen werden. Die Notwendigkeit zur Entsorgung von Reststoffen bleibt. Dies setzt folgendes voraus:

- Thermische Behandlung der Reststoffe zum Schadstoffabbau und zur Volumenreduzierung durch Betreiber der entsprechenden Anlagen.
- Reststoffdeponierung durch Kommunen und andere Deponiebetreiber. Dies erfordert den gesellschaftlichen Konsens auch auf kommunaler Ebene.

Um einen Entsorgungsnotstand abzuwenden, müssen folgende Punkte in Angriff genommen werden:

Bund, Länder und Gemeinden

- treffen die erforderlichen Vorkehrungen, damit die Genehmigungsverfahren für Anlagen der Abfallverarbeitung, der Wiederverwertung von Materialien und der Behandlung von Reststoffen organisatorisch vereinfacht und beschleunigt werden.

- entwickeln Konzepte für den Ausweis von Verbrennungskapazitäten und Deponien. Die Wirtschaft kann Entsorgungskapazitäten nur aufbauen, soweit entsprechende Genehmigungen vorliegen. Sie kann nicht dafür verantwortlich gemacht werden, wenn es der Politik nicht gelingt, einen Konsens über den Aufbau dieser Kapazitäten herzustellen. Die Wirtschaft kann letztlich Behandlungsanlagen und Deponien nur auf Flächen errichten, die von den Kommunen hierfür ausgewiesen werden. "Exterritoriales Gebiet" steht ihr nicht zur Verfügung!
- fördern die Nachrüstung bestehender Hausmüllverbrennungsanlagen auf den heutigen Stand der Technik;
- setzen sich für eine unvoreingenommene Prüfung der umweltrelevanten Vor- und Nachteile der Formen der Verwertung (werkstofflich, rohstofflich, energetisch) ein;
- fördern die objektive Darstellung der heute verfügbaren Behandlungs- und Verbrennungstechniken in der Öffentlichkeit.

Kapazitäten für die thermische Behandlung und die Deponierung können nur mit maßgeblicher Unterstützung durch politische Stellen geschaffen werden. Die Wirtschaft ist im Gegensatz zu den Gebietskörperschaften hierzu nicht in der Lage.

Finanzierung

Die Kosten für die Rücknahme und Verwertung werden unabhängig von der konkreten Form der Finanzierung in jedem Fall durch den Letztbesitzer erbracht werden. Nach Abwägung aller möglichen Finanzierungsmodelle ergibt sich als unbürokratische und kostengünstigste Lösung die Übernahme der Kosten durch den Letztbesitzer zum Zeitpunkt der Rückgabe. Das kann je nach Produkt direkt oder indirekt, d. h. über direkte Bezahlung oder über die allgemeinen Müllgebühren erfolgen.

Dies ist das einzige System, das keinen zusätzlichen Verwaltungsaufwand nach sich zieht, das dem Prinzip der Kostenwahrheit und Kostenklarheit für den Verbraucher am nächsten kommt und das nicht zu Wettbewerbsverzerrungen zu Lasten von Herstellern und Handel am Standort Deutschland führt.

Bei der Diskussion ist nach den Kosten für die Sammlung und für die Verwertung zu unterscheiden. Hinzu kommen Kosten für die Verwaltung.

Recyclinggerechte Konstruktion kann ausschließlich die Kosten der technischen Verwertung beeinflussen. Nicht beeinflußbar durch die Hersteller sind hingegen die Kosten der Gerätesammlung. Der Einbezug der Sammelkosten in die allgemeinen Müllgebühren ist deshalb gerechtfertigt.

Die generelle Internalisierung externer Kosten im Verkaufspreis und damit die hersteller- bzw. gerätespezifische Zuordnung der Verwertungskosten ist für langlebige Gebrauchsgüter nicht praktikabel. Gründe hierfür:

- Die Kalkulation der Verwertungskosten der Zukunft ist nicht möglich.
- Der Nutzen aus zukünftig niedrigeren Verwertungskosten für recyclinggerecht konstruierte Geräte ist nur dort an deren Hersteller rückführbar, wo enge Hersteller-Kunden-Beziehungen z. B. im Rahmen von Service/Reparatur dies ermöglichen.
- Die hersteller-/gerätespezifische Zuordnung der Kosten ist unter ökonomischen Gesichtspunkten insbesondere für Kleingeräte nicht möglich.
- Die durch die Internalisierung zusätzlich verursachten Kosten (Verwaltungskosten, zum Teil mehr als ein Drittel der Gesamtkosten) sind ohne Nutzen für die Umwelt.
- Impliziter Zwang zur Kollektivierung der Kosten (zumindest für Kleingeräte).
- Wettbewerbsverzerrungen als Folge, Trittbrettfahrer lassen auf Kosten der deutschen Hersteller entsorgen.

Zur Illustration des Kostenaufwandes für die hersteller- bzw. gerätespezifische Zuordnung der Verwertungskosten sei auf ein Beispiel aus einem Pilotprojekt im Bereich der Elektrokleingeräte verwiesen. Für die Rücknahme und Verwertung wird von drei Kostenblöcken ausgegangen:

1. Logistik, d. h. Sammlung in Gitterboxen und Transport zu einem Clearing-Center; Kostenanteil: mehr als ein Drittel der Gesamtkosten.
2. Clearing, d. h. herstellerspezifische Zuordnung der Geräte, Erfassung und Zurechnung der auf jeden beteiligten Hersteller entfallenden Gerätemengen; Kostenanteil: ca. ein Drittel der Gesamtkosten.
3. Verwertung incl. Entsorgung; Kostenanteil: weniger als ein Drittel der Gesamtkosten.

Dieses Beispiel verdeutlicht, daß allein die Kosten der Internalisierung durch die herstellerspezifische Zuordnung, d. h. einem reinen Verwaltungsvorgang, der keinerlei Entlastung für die Umwelt mit sich bringt, höhere Kosten als die eigentliche umweltentlastende Verwertung verursacht.

Selbst wenn es möglich wäre, durch recyclinggerechte Konstruktion die Verwertungskosten beliebig zu minimieren, könnte eine herstellerspezifische Weitergabe dieses Kostenvorteiles nur dann erreicht werden, wenn man gleichzeitig bereit ist, die zusätzlichen Clearing-Kosten aufzubringen, die die Ersparnis mehr als überkompensieren – ein aus volkswirtschaftlicher wie auch aus Umweltsicht nicht zu rechtfertigendes Vorgehen. Zumindest bei Kleingeräten ist deshalb die Einbeziehung der Verwertungs- und Entsorgungskosten in die allgemeinen Müllgebühren gerechtfertigt.

Will man anders als bei dem genannten Beispiel die entstehenden Kosten nicht nur hersteller-, sondern sogar gerätespezifisch zuordnen, um somit die Rückkopplung der recyclinggerechten Konstruktion und der entstehenden Verwertungskosten zu erreichen, muß davon ausgegangen werden, daß der Abrechnungs- und Kontrollaufwand anteilig noch größer ausfallen wird.

Das Prinzip, externe Kosten zu internalisieren, findet seine Grenzen dort, wo hierdurch nur zusätzliche Verwaltungskosten entstehen, ohne daß dem ein Gewinn für die Umwelt entgegensteht.

Argumente zum Entwurf einer "Elektronikschrott-Verordnung"

1. Die Internalisierung der Kosten ist in der Praxis nicht umsetzbar.

Gemäß der Intention des BMU sollen "ökologisch ehrliche Preise" auch die Kosten der Abfallentsorgung von Produkten umfassen.

Die Internalisierung externer Kosten in den Produktpreis soll die verursachergerechte Zuordnung von Kosten erlauben, die bislang von der Allgemeinheit übernommen werden. Sie ist ein Lenkungsinstrument für die Erreichung umweltpolitischer Ziele mit marktwirtschaftlichen Mitteln. Das Prinzip der Internalisierung ist deshalb von seinem Ursprungsgedanken her voll zu unterstützen.

Die Umsetzung dieses Prinzips in die Praxis zeigt allerdings, daß es seine Wirksamkeit nicht uneingeschränkt entfalten kann. Angewandt auf den Fall "Verwertung und Entsorgung von langlebigen Wirtschaftsgütern" zeigen sich sehr schnell seine Grenzen. Die Kosten der Internalisierung kompensieren ihren Nutzen bzw. übersteigen ihn. Der Gewinn an "Gerechtigkeit" wird erkauft mit zusätzlichen Verwaltungskosten, die dazu führen, daß selbst diejenigen Hersteller, die bereits heute beträchtliche Kosten für die recyclinggerechte Konstruktion ihrer Produkte auf sich nehmen, in der Summe mit höheren Kosten belastet werden. Ein Gewinn für die Umwelt ist hiermit nicht verbunden.

a) Die zukünftigen Verwertungs-/Entsorgungskosten eines Gerätes sind heute nicht bekannt.

Die Rückgabe/Verwertung eines Gerätes erfolgt ca. 5-20 Jahre nach dessen Produktion.

Die Kosten der Rückgabe, Verwertung und Entsorgung ergeben sich aus den zur Verfügung stehenden Logistik- und Verwertungstechnologien und den Deponierungs-/Behandlungskosten zum Zeitpunkt der Außerdienststellung der Geräte.

Die Verwertungskosten von heute neu konstruierten/produzierten Geräten können nicht exakt berechnet werden; ihre Bestimmung ist nur durch praktische Verwertungsversuche und nur für den Zeitpunkt des Versuchs möglich. Eine Aussage über die Höhe der zukünftigen Verwertungs-/Entsorgungskosten eines Gerätes ist aufgrund des großen dazwischenliegenden Zeitraumes betriebswirtschaftlich nicht extrapolierbar; ihre kalkulatorische Ermittlung ist durch die Weiterentwicklung der Verwertungstechnologien und nicht absehbare Veränderungen der Marktpreise für Rezyklate und der Deponiepreise letztlich ausgeschlossen.

b) Eine Rückkopplung der Anstrengungen für die recyclinggerechte Konstruktion über den Preis der Verwertung ist nur in Einzelfällen möglich.

Eine genaue Aussage darüber, welche Verwertungskosten für ein Gerät entstehen, und damit die quantitative Beurteilung, wie recyclinggerecht ein Gerät konstruiert und gefertigt wurde, wird letztlich erst zum Zeitpunkt von dessen Verwertung möglich sein, da sie sich jeweils nur auf den aktuellen Stand der Verwertungstechnologien beziehen kann.

Für die recyclinggerechte Konstruktion gibt es einige wenige Grundregeln (keine Schadstoffe, möglichst wenige und miteinander verträgliche Werkstoffe usw.). Die Umsetzung dieser Grundregeln wird bereits zu einer erheblichen Verbesserung der Verwertungsfähigkeit der Geräte führen. Die deutschen Hersteller der Elektroindustrie arbeiten intensiv an der Konstruktion von recyclinggerecht konstruierten Geräten bzw. produzieren diese bereits (ZVEI 1992).

Eine weitere Verfeinerung der recyclinggerechten Konstruktion kann nur noch zu Differenzierungen auf hohem Niveau führen. In welcher Art und Weise diese zusätzlichen Maßnahmen für die Verwertungstechnologien der Zukunft (möglicherweise Massenstromverfahren) von Bedeutung sind, kann heute nicht vorhergesagt werden. Eine Rückkopplung dieser zusätzlichen Anstrengungen über den Preis der Verwertung ist auf jeden Fall ausgeschlossen.

c) Nicht zu rechtfertigender bürokratischer Aufwand für die hersteller- bzw. gerätespezifische Zuordnung der Verwertungskosten.

Über die Internalisierung der Verwertungs- und Entsorgungskosten eines Gerätes soll derjenige Hersteller finanziell "belohnt" werden, dessen Geräte recyclinggerecht konstruiert wurden. Dies erfordert Maßnahmen, die eine hersteller-/gerätespezifische Zuordnung der (zukünftig) entstehenden Verwertungskosten erlauben. Dazu muß jedes einzelne Gerät sowohl bei der Sammlung als auch beim Verwerter individuell erfaßt werden (Unterscheidung hinsichtlich Altgeräte, Neugeräte, Direktimporte, Markenzugehörigkeit, gekennzeichnete/nicht gekennzeichnete Geräte, Trittbrettfahrer).

Dies ist nur unter hohem Personaleinsatz und dem entsprechenden Kostenaufwand möglich. Zusätzlich ist eine individuelle Abrechnung/Kontrolle mit jedem einzelnen Hersteller erforderlich. Folge: Sehr großer bürokratischer Aufwand, nicht zu reden vom immensen Zeitaufwand für die Kontrolle. Vergleicht man diesen Aufwand mit den Kosten der Sammlung/Verwertung, so ist festzustellen, daß der Verwaltungsaufwand in keinem vernünftigen Verhältnis zu den Kosten (für Verwertung/Entsorgung) steht, die mit einer praktischen Entlastung der Umwelt verbunden sind.

Die Internalisierung der Verwertungs- und Entsorgungskosten eines Elektro- bzw. Elektronikgerätes ist somit in den Regel nur durch geschätzte Pauschalen, nicht aber über gerätespezifische Preise/Kosten möglich. Dies aber widerspricht dem Gedanken der Internalisierung.

d) Die Kosten der Gerätesammlung sind durch die Hersteller nicht beeinflußbar.

Im Haushalt fallen nicht nur Elektrogeräte an. Im Sinne einer umweltverträglichen Verwertung/Entsorgung ist zu differenzieren nach Gebrauchsgegenständen aus Metall und Kunststoffen, Fensterglas, Behälterglas, Metallen, Lacken, Lösungsmitteln, Reifen, Möbeln aus Holz, Metallen, Kunststoffen, Glas, Polsterschäumen usw., unterschiedliche Verpackungsmaterialien, Textilien aus verschiedenen Herkunftsmaterialien, Bodenbelägen, Batterien, usw. Alle genannten Produkte haben ihre spezifische Umwelt-/Abfallrelevanz. Eine jeweils zeitlich getrennte Abholung/Sammlung beim Endverbraucher ist der ökologisch und ökonomisch falsche Weg. Ebensowenig kann dem Verbraucher zugemutet werden, jedes Produkt zu einer räumlich anderen Sammelstelle zu bringen.

Eine weitere Differenzierung der haushaltsnahen Müllsammlung oder der Aufbau zusätzlicher Bringsysteme mit unterschiedlichen Anlieferstellen ist einerseits in der Regel unwirtschaftlich und kann andererseits dem Bürger nicht mehr zugemutet werden.

Ausweg: Auch zukünftig aktives Engagement der (derzeit noch) entsorgungspflichtigen Körperschaften, das heißt:

- verbrauchernahe Abholung,
- Sortierung/Trennung nach Geräten/Produkten in Sammelstellen und Recyclinghöfen,
- Weitergabe in hierfür geeignete Kanäle der Verwertungsindustrie.

Recyclinggerechte Konstruktion beeinflußt ausschließlich die Kosten der technischen Verwertung. Nicht beeinflußbar durch die Hersteller sind die Kosten der Gerätesammlung. Eine spezifische Zuordnung der Sammel- und Sortierungskosten von Konsumgütern ist nicht möglich. Eine Einbeziehung dieser Kosten in die allgemeinen Müllgebühren ist deshalb gerechtfertigt.

e) Zusammenfassung

- Die Kalkulation der zukünftigen Verwertungskosten ist nicht möglich.
- Die hersteller-/gerätespezifische Zuordnung der Kosten insbesondere für Kleingeräte ist unter ökonomischen Gesichtspunkten nicht möglich.
- Es ist nur in besonderen Fällen möglich, die Hersteller in der Zukunft durch geringere Verwertungskosten ihrer recyclingfreundlich konstruierten Geräte finanziell zu belohnen (direkter Nutzen: Marketingvorteil in der Gegenwart).
- Die Beeinflussung der Sammlungskosten durch recyclinggerechte Konstruktion ist nicht möglich.

Die Internalisierung der Kosten der Verwertung und Entsorgung von langlebigen Wirtschaftsgütern im Sinne einer verursachergerechten Zuordnung ist nur in bestimmten Einzelfällen möglich. Der Ansatz der kostenlosen Rücknahme durch Handel und Hersteller führt in der praktischen Umsetzung dazu, daß die entstehenden Kosten vorwiegend der deutschen herstellenden Industrie kollektiv aufgebürdet werden. Dies steht im Widerspruch zum Grundgedanken der "Internalisierung". Eine kollektive und nicht hersteller-/gerätespezifische "Internalisierung" wäre ein Widerspruch in sich selbst!

2. Die Einrechnung der Entsorgungskosten in den Neupreis würde die deutschen Hersteller belasten und Möglichkeiten zum Mißbrauch eröffnen.

Der Gedanke, die für ein Produkt später anfallenden Verwertungskosten im vorhinein beim Verkauf des Neugerätes zu erheben, erscheint nur auf den ersten Blick einleuchtend. Er berücksichtigt nicht die Besonderheiten der in Rede stehenden Produkte, bei denen es sich – anders als bei Verpackungen – um langlebige Wirtschaftsgüter handelt. Ebensowenig werden die vorhandenen Mißbrauchsmöglichkeiten und die Gegebenheiten des europäischen Binnenmarktes berücksichtigt.

Die erforderlichen Preiserhöhungen sind am Markt, wenn überhaupt, nur teilweise durchsetzbar. Die Ertragssituation der deutschen Elektroindustrie, die im internationalen Wettbewerb steht, läßt eine Kostenübernahme aber nicht zu. So besteht die Gefahr, daß diese Belastungen die Substanz der Unternehmen ernsthaft angreifen.

Andererseits besteht im europäischen Binnenmarkt jederzeit die Möglichkeit, Geräte ohne zusätzliche Verwertungskostenzuschläge zu beziehen. Angesichts der daraus resultierenden beträchtlichen Preisunterschiede stellen diese Geräte für den Verbraucher eine äußerst attraktive Alternative dar.

Es ist zu erwarten, daß durch Reimporte völlig identische Geräte einmal mit und einmal ohne vorab gegebene Entsorgungszusage angeboten würden. Unseriöse Importeure und auch Händler könnten eine Verwertungsgebühr vom Kunden erheben; der späteren Rücknahme aber könnten sie sich z. B. durch Firmenauflösung entziehen. Die Hersteller werden sich wegen der Marktgegebenheiten einer kostenlosen Entgegennahme auch dieser Geräte nicht entziehen können.

Die dargestellten Probleme werden vermieden, wenn die Verwertungskosten vom Verbraucher letztlich nach dem Verursacherprinzip zum Zeitpunkt der Entsorgung selbst getragen werden.

3. Ein nationaler Alleingang benachteiligt die deutsche Industrie.

Das Vorhaben, eine Elektronikschrott-Verordnung im nationalen Alleingang nach der Realisierung des europäischen Binnenmarktes in Kraft zu setzen, ist ein anachronistischer Vorgang. Nationale Alleingänge, wie z. B. in der Abfallpolitik, gefährden den gemeinsamen Markt und rufen Wettbewerbsverzerrungen und Handelshemmnisse hervor. Das Prinzip der Subsidiarität, das nach den Verträgen von Maastricht ein wichtiges Steuerungselement der Gemeinschaft werden soll, darf nicht als Alibi für die "Renationalisierung" der Umweltpolitik mißbraucht werden. Nur eine europaweite Regelung kann sicherstellen, daß die Umweltziele mit wettbewerbsneutralen Maßnahmen erreicht werden. Darauf hat die Europäische Vereinigung der Maschinenbau- und Elektroindustrie, ORGALIME im September 1992 nachdrücklich hingewiesen.

Durch die Vorreiterrolle der Bundesrepublik Deutschland auf dem Gebiet der Verwertung von gebrauchten Elektro- und Elektronikgeräten wird der deutschen Elektroindustrie auferlegt, entsprechende Rücknahme- und Verwertungssysteme, entsprechend den Vorgaben einer deutschen Verordnung, aufzubauen. Sollte darüber hinaus eine kostenlose Rücknahme gefordert werden, wäre es erforderlich, entgegen jeglicher Zielsetzung des europäischen Binnenmarktes gesondert gekennzeichnete Geräte ausschließlich auf dem deutschen Markt anzubieten.

4. Standortpolitische Bedenken.

Die Kosten für die Rücknahme und Verwertung von gebrauchten Geräten betragen nach heutigen Maßstäben je nach Produkt zwischen 5 und 15 % der Herstellungskosten. In Einzelfällen sind es sogar mehr als 25 %.

Werden die Kosten auch nur zum Teil von den Herstellern oder vom Handel getragen, d. h., gelingt es aus den vorgenannten Gründen nicht, die erforderlichen Preiserhöhungen am Markt durchzusetzen, so geht hiervon ein zusätzlicher Druck auf die Ertragssituation der Unternehmen aus. Die Bundesregierung konfrontiert damit die Elektroindustrie als tragende Säule der deutschen Produktion mit zusätzlichen Schwierigkeiten. Für einzelne Unternehmen bedeutete dies die Aufgabe des Geschäfts oder die weitere Verlagerung der Produktion ins Ausland. Folge wären zusätzliche Verluste von Arbeitsplätzen. Besondere Belastungen sind für mittelständische Unternehmen zu erwarten, die nur mit einem kleineren Produktspektrum am Markt präsent sind.

Zusammenfassend ist festzuhalten, daß der Wortlaut des Arbeitspapieres einer Elektronikschrott-Verordnung (Stand 15.10.1992) zwar eine Gleichbehandlung von in- und ausländischen Herstellern, Reimporten, Direktimporten und Importen aus dem EG- und Nicht-EG-Ausland vorsieht. Die Praxis wird aber – insbesondere nach Vollendung des europäischen Binnenmarktes 1993 – gravierende Wettbewerbsnachteile für die in Deutschland tätigen Unternehmen der Elektroindustrie nach sich ziehen. Die Größe der absehbaren Belastungen, die sich aus der Forderung nach kostenloser Rücknahme durch Handel und Hersteller ergeben, ist ohne Beispiel in der Geschichte der industriellen Produktion. Es wird befürchtet, daß damit der Industriestandort Deutschland für diese Unternehmen zusätzlich zu den derzeitigen konjunkturellen und strukturellen Belastungen in Frage gestellt wird.

Sicherlich wird die deutsche Industrie langfristig einen Wettbewerbsvorteil haben, wenn sie recyclingfreundliche Produkte anbietet. Dieser Vorteil darf jedoch nicht durch Belastungen ins Gegenteil verkehrt werden, die sich aus praxisfern formulierten Anforderungen ergeben.

5. Ordnungspolitischer Regelungsbedarf als Folge einer Rücknahmeverordnung.

Wenn der Verordnungsgeber den Herstellern der Elektroindustrie vorgeben will, gebrauchte elektrische und elektronische Geräte unter ihrer eigenen Verantwortung zurückzunehmen und einer Verwertung zuzuführen, muß es den einzelnen Herstellern erlaubt werden, in angemessener Art und Weise zusammenzuarbeiten. Es ist weder organisatorisch darstellbar noch finanziell tragbar, daß die einzelnen Hersteller flächendeckend im Bundesgebiet jeweils individuell Verträge mit einzelnen Händlern, Kommunen, Transportunternehmen und Verwertungsbetrieben schließen, um die Rückführung ihrer Geräte sicherzustellen.

Hinzu kämen weitere Verträge zwischen den einzelnen Herstellern, um auch markenfremde Geräte zurücknehmen zu können. Wenn die Elektroindustrie die Organisation der Verwertung übernehmen soll, muß sie zur Bewältigung dieser Aufgabe zusammenarbeiten. Hierfür müssen die kartellrechtlichen Voraussetzungen geschaffen werden. Konkrete Formulierungen des Verordnungsgebers zur Klärung dieser Fragen sind unabdingbar.

Die Finanzierung einer "kostenlosen Rücknahme" durch die Hersteller kann nur durch eine sogenannte vorgezogene Entsorgungsgebühr erfolgen. Diese Gebühr muß dem Verbraucher zusammen mit dem Gerätepreis in Rechnung gestellt werden. Diese Gebühr würde in einem Pool verwaltet und für die Rücknahme und Verwertung/Entsorgung der Geräte ausgeschüttet. Der Handel wäre zu verpflichten, mit jedem Geräteverkauf diese vorgezogene Entsorgungsgebühr zu erheben und an den Verwaltungspool abzuführen. Ein Wettbewerb der Hersteller über die Höhe der Entsorgungsgebühr könnte wie bei anderen Finanzierungsmodellen stattfinden. Das Problem des Mißbrauchs durch Trittbrettfahrer wäre aber auch damit nicht vom Tisch.

Erste Vorgespräche mit dem Bundeskartellamt haben ergeben, daß dieses jeglicher Art der Zusammenarbeit auf Seiten der Herstellerindustrie ablehnend gegenübersteht. Die Stellung des Bundeskartellamtes ist wie folgt zu charakterisieren:

- Die Kosten für das Einsammeln und die Entsorgung müssen als Wettbewerbsparameter erhalten bleiben; eine automatische und gleichmäßige Durchleitung dieser Kosten an den Verbraucher im Sinne einer vorgezogenen Entsorgungsgebühr ist als Vereinbarung über einen Preisbestandteil kartellrechtswidrig. Sie wird vom Amt nicht akzeptiert werden.

- Die Vermeidung einseitiger Wettbewerbsnachteile zu Lasten der deutschen Industrie ist mit den kartellrechtlichen Schranken für gemeinschaftliche Lösungen nicht vereinbar. Den vorliegenden Entwürfen des Kreislaufwirtschaftsgesetzes bzw. der Rücknahmeverordnungen ist zu entnehmen, daß der Gesetz-/Verordnungsgeber von der Möglichkeit flächendeckender, privatwirtschaftlich organisierter Systeme ausgeht. Allerdings fehle eine ausdrückliche Bestimmung dahingehend, daß das Kartellrecht keine Anwendung finde. Das Kartellamt sieht es nicht als seine Aufgabe an, dem Bundesumweltministerium Wege aufzuzeigen, wie eine kartellrechtlich zulässige Umsetzung der vorliegenden Vorhaben erfolgen kann!
- Die Entstehung eines Nachfragemonopols nach Entsorgungsleistungen muß vermieden werden.
- Das Bundeskartellamt ist nicht generell bereit, Selbsthilferegelungen im umweltrechtlichen Bereich über den Weg des Rationalisierungskartells (Pool) zu ermöglichen. Man sei nach dem Fall DSD ein "gebranntes Kind". Der Konflikt müsse vom Gesetz- und Verordnungsgeber gelöst werden.

Eine andere Alternative, die vorgesehenen Anforderungen der Elektronikschrott-Verordnung zu erfüllen, wäre die Beauftragung von Entsorgungsunternehmen, die in der Lage wären, zumindest innerhalb großer Regionen die Rücknahme und Verwertung sicherzustellen. Somit wäre aber der bereits deutlich erkennbaren Tendenz zur Bildung oligopolistischer Strukturen in der Entsorgungswirtschaft zusätzlicher Vorschub geleistet.

6. Kreisläufe können ohne die Einbeziehung der Vormaterialhersteller in die Rücknahmeverpflichtung nicht geschlossen werden.

Die Unternehmen der Elektroindustrie erzeugen die meisten der von ihr verarbeiteten Werkstoffe nicht selbst. Daher kann die Elektroindustrie Recyclingprobleme für Vormaterialien nicht lösen. Die Zusammensetzung dieser Materialien ist ihr in der Regel nicht bekannt; sie werden nach funktionalen Spezifikationen von den Vorlieferanten hergestellt. Nur die Vormaterialhersteller sind in der Lage, die erforderlichen Verfahren für die stoffliche Verwertung der von ihnen hergestellten Werkstoffe zu entwickeln und diese in entsprechenden Recyclinganlagen umzusetzen. Sie kennen die Märkte für neue und aufgearbeitete Rohstoffe und können somit Kreisläufe schließen.

7. Besonders hoher Reststoffanteil bei der Verwertung von Altgeräten.

Altgeräte, die sich derzeit bei den Verbrauchern befinden, wurden im Hinblick auf bestmögliche Gebrauchstauglichkeit und optimale Fertigungstechnik konstruiert. Konstruktionsregeln für eine möglichst ökologische Verwertung waren nicht vorhanden, da eventuelle Entsorgungsprobleme seinerzeit noch nicht bestanden. Zudem steht eine nicht unbeträchtliche Menge von Altgeräten insbesondere aus dem Beitrittsgebiet und aus dem Ausland, deren Inhaltsstoffe nicht bekannt sind, zur Rückgabe an. Im Zuge ihrer Verwertung entsteht ein relativ hoher Reststoffanteil, der weiterhin entsorgt werden muß.

Daraus folgt, daß bei einer Verpflichtung zur Rücknahme der Altgeräte zwar hohe Kosten für die Rücknahmelogistik und die Verwertungsanstrengungen anfallen, daß aber auf absehbare Zeit nur eine bescheidene Reduktion des Abfallaufkommens erreicht werden kann. Die bloße Verschiebung der Entsorgung von Altgeräten und Reststoffen aus Altgeräten auf Handel und Industrie kann keinen Beitrag zur Entlastung der Umwelt leisten.

8. Durch die Verschiebung der Verantwortung für die Reststoffentsorgung werden Entsorgungsprobleme nicht gelöst.

Wenn von den Unternehmen der Elektroindustrie der Nachweis gefordert wird, daß ein von ihnen beauftragter Verwerter oder Entsorgungsbetrieb gemäß aller umweltgesetzlichen Auflagen arbeitet, werden die Beauftragten zu abhängigen Erfüllungsgehilfen. Die Hersteller sollen für das Handeln von Dritten haftbar gemacht werden.

Dies würde bedeuten, daß sich der Staat von seinen Pflichten, die Arbeit der Verwerter und Entsorgungsbetriebe zu genehmigen und zu überwachen, zurückziehen will. Anstatt die bestehenden Defizite beim Vollzug der abfallrechtlichen Bestimmungen zu beheben, würde der Gesetzgeber neuen Überwachungsbedarf schaffen und die hieraus erwachsenden zusätzlichen Pflichten und Belastungen auf die herstellende Industrie verschieben.

Weiter kann es nicht sachdienlich sein, die Verantwortung für die Reststoffentsorgung von den kommunalen Gebietskörperschaften auf Elektrohandel und Industrie zu verlagern.

Im Zuge der Verwertung von Altgeräten entsteht ein relativ hoher Reststoffanteil, der auf absehbare Zeit praktisch nicht verwertet werden kann (z. B. Kunststoffe, Bildröhren, umweltrelevante Geräteteile). Der Reststoffanteil muß thermisch behandelt und/oder deponiert werden. Diese Aufgabe muß auch weiterhin von den kommunalen Gebietskörperschaften übernommen werden.

Überträgt man der Industrie die Verantwortung für die Behandlung und Deponierung von Reststoffen, wäre sie bei der Knappheit von Kapazitäten sowie der mangelnden Durchsetzbarkeit dieser Verfahren zur Zwischenlagerung gezwungen.

9. Ein Zwang zur Zwischenlagerung schafft neue Probleme.

Die Zwischenlagerung von Geräten, Geräteteilen oder Materialien ist keine Problemlösung. Eine Zwischenlagerung ist nur dann akzeptabel, wenn entsprechende Verwertungsanlagen bereits im Aufbau begriffen sind und das Datum der Inbetriebnahme absehbar ist.

Aus der Zwischenlagerung entsteht die Gefahr, daß neue Altlasten gebildet werden. Von einer Zusammenballung gleichartiger Materialien in großen Mengen, wie dies bei einer Zwischenlagerung erforderlich ist, gehen besondere Gefahren aus, die ohne diese Anhäufung nicht gegeben wären. Dies zeigen z. B. Brände in Lagern von gebrauchten Kunststoffmaterialien.

Die Zwischenlagerung bedarf darüber hinaus der Genehmigung. Planfeststellungsentscheidungen für Zwischenlager werden genauso schwer politisch durchsetzbar sein, wie für die thermische Verwertung und die Deponierung.

Es ist darüber hinaus zu befürchten, daß illegale Wege der "Entsorgung" dann besonders lukrativ werden, wenn reguläre Wege nicht oder in unzureichendem Umfang zur Verfügung stehen.

Eine Verschiebung der Entsorgung von Altgeräten und Reststoffen aus Altgeräten von den Gebietskörperschaften auf die Industrie bringt keine Entlastung der Umwelt und keine Entlastung der knapper werdenden Deponiekapazitäten.

10. Die Terminvorstellungen müssen sich an den technischen, finanziellen und rechtlichen Gegebenheiten orientieren.

Für die Schaffung von Rücknahmesystemen und den Aufbau von Verwertungskapazitäten, muß genügend Zeit zur Verfügung stehen.

- Für die Verwertung wichtiger Fraktionen gebrauchter Elektro- und Elektronikgeräte fehlen technische Lösungen mit ausreichenden Kapazitäten. Chemie und Verfahrenstechnik müssen erst grundlegende Arbeiten leisten, um geeignete ökologisch unbedenkliche Verfahren zu entwickeln, die sich auch im großtechnischen Maßstab einsetzen lassen.
- Zur Realisierung entsprechender Anlagen bedarf es behördlicher Genehmigungen. Die Dauer der Genehmigungsverfahren führt zu weiteren Verzögerungen.
- Um die Kapazitäten im erforderlichen Maßstab aufzubauen, sind erhebliche Investitionen der Entsorgungsunternehmen, die von Beträgen in mehrstelliger Milliardenhöhe ausgehen, erforderlich. Diese Kapazitäten können – wie die Entsorgungswirtschaft bestätigt – nur Zug um Zug aufgebaut werden.
- Da die angeführten Punkte zum Teil voneinander abhängen, addiert sich der insgesamt erforderliche Zeitbedarf zum Aufbau der erforderlichen Entsorgungskapazitäten.
- Mit welchen Reibungsverlusten der Aufbau eines eigenen parallelen Rücknahmesystems verbunden ist, zeigen die Erfahrungen aus dem Bereich der Transportverpackungen sowie dem "Dualen System Deutschland".

11. Verfassungsrechtliche Bedenken.
Die von Professor Friauf in einem Rechtsgutachten zu dem Entwurf einer Elektronikschrott-Verordnung (Stand: Juli 1991) genannten verfassungsrechtlichen Einwendungen gelten auch weiterhin.

Abfallaufkommen in Deutschland

In Industrie und Gewerbe sind 1990 im gesamten Deutschland 263 Mio. t Abfälle entstanden, davon 136,7 Mio. t in der Produktion (Institut der deutschen Wirtschaft Köln, Umweltbundesamt, 1993). 75 % dieser Produktionsabfälle entsorgt die Industrie selbst, der Rest landet in öffentlichen Entsorgungsanlagen. Bauschutt, Straßenaufbruch und Bodenaushub machen knapp 115 Mio. t aus. Die Abfälle aus der Abwasserreinigung der Industriebetriebe summieren sich auf 3,6 Mio. t pro Jahr. Hinzu kommen 8 Mio. t feste Gewerbeabfälle.

Der Müll der privaten Haushalte betrug 1990 insgesamt 28 Mio. t.

Je Jahr können in den alten Bundesländern bis zu 1,5 Mio. t gebrauchter elektrischer und elektronischer Geräte anfallen (ZVEI, Projektion auf das Jahr 1994). Hiervon sind ca. 600 000 t ausgediente Investitionsgüter aus dem industriellen und gewerblichen Bereich. Zirka 900 000 t der Geräte fallen in den Haushaltungen an.

Die großen Haushaltsgeräte (Herde, Waschmaschinen, Kühlschränke, Geschirrspüler usw.) stellen mit ca. 500 000 t je Jahr den weitaus größten Teil (56 %) der ausgedienten Konsumgeräte. Hinzu kommen bis zu ca. 150 000 t Fernsehgeräte (17 %). Mit 100 000 t (11 %) tragen andere Geräte der Unterhaltungselektronik bzw. die kleinen Haushaltsgeräte (72 500 t; 8 %) zum Abfallaufkommen elektrotechnischer Konsumgüter bei. Aus Pilotversuchen weiß man, daß insbesondere Fernsehgeräte und Kleingeräte nach Ablauf ihrer regulären Gebrauchsdauer in den Haushalten noch relativ lange an anderer Stelle weitergenutzt oder aufbewahrt werden, bevor sie entsorgt werden. Die wirklich zurücklaufenden Mengen sind wegen dieses Verbraucherverhaltens für eine Übergangszeit deutlich geringer als die durch Neuverkäufe in den Markt gebrachten Mengen.

Nach einer Schätzung des VKE fallen in der Bundesrepublik jährlich insgesamt 2,6 Mio. t Kunststoffabfälle an. Hiervon werden lediglich 400 000 t verwertet. Hierbei handelt es sich in erster Linie um direkt vor Ort anfallende sortenreine Produktionsabfälle.

1987 existierten in Westdeutschland 4262 Deponien. Knapp drei Viertel hiervon waren im Besitz der öffentllichen Hand, 83 wurden von privaten Entsorgern betrieben, bei dem Rest handelt es sich um betriebseigene Deponien des produzierenden Gewerbes (IKB 1992). Das Gros der öffentlichen Deponien sind Bauschutt- bzw. Bodenaushubdeponien; nur 332 finden als Hausmülldeponien Nutzung. Es wird erwartet, daß schon bis Ende 1993 rund die Hälfte der im öffentlichen Besitz befindlichen Deponien verfüllt sein wird. Lediglich 186 Deponien haben noch eine Restnutzungsdauer über das Jahr 2007 und nur 32 über das Jahr 2015 hinaus.

Entsorgungsindustrie

Die Entwicklung der Entsorgungswirtschaft ist durch zwei Tendenzen gekennzeichnet: durch anhaltendes Wachstum und durch strukturellen Umbruch.

Der Bundesverband der Entsorgungswirtschaft (BDE), der 750 Mitgliedsfirmen zählt und damit ca. 80 % der Branche repräsentiert, schätzt den Gesamtumsatz in 1992 bei einer Wachstumsrate zwischen 20 und 30 % auf 20 Mrd. DM.

Etwa 80 % von diesen 20 Mrd. DM werden von nur 20 % oder rund 100 der Unternehmen umgesetzt, was auf einen bereits hohen Konzentrationsgrad schließen läßt.

Zu den Marktführern gehören z. B. die folgenden Firmen, die auch Leistungen zur Verwertung von Elektroschrott anbieten:

- RWE-Entsorgung/Trienekens (Jahresumsatz ca. 1,6 Mrd. DM),
- VEW AG/Edelhoff (Jahresumsatz ca. 1,2 Mrd. DM),
- Rethmann AG (Jahresumsatz ca. 850 Mio. DM).

Weitere Großunternehmen, die sich in der Entsorgungswirtschaft etabliert haben bzw. dies beabsichtigen, sind z. B. die Ruhrkohle AG, die Bayernwerk AG, die Schleswag AG.

Um die gesamte Palette der Verwertungsleistungen von Elektroschrott anbieten und die gemeinsame Wettbewerbsfähigkeit erhalten zu können, haben sich auch zwei mittelständische Verbände von Elektroschrottverwertern gebildet: die Bundesvereinigung mittelständischer Elektro- und Elektronikverwertungsunternehmen (BEVU) und der Bundesverband der Elektronik- und Elektroschrottverwerter (BEEV). Beide sind auch miteinander im Gespräch über eine eventuelle Fusion. Daneben hat sich die BEVU wiederum der Kapitalkraft und des Forschungspotentials eines Großunternehmens versichert: Sie kooperiert mit der Daimler-Benz-Tochter DASA.

Die Konzentrationstendenz resultiert in hohem Maße aus den Einstiegsbestrebungen branchenfremder Großunternehmen, besonders der Energiewirtschaft und der Bauindustrie, in den lukrativen Entsorgungsmarkt. Die Energieversorgungsunternehmen, die über große Summen liquiden Kapitals verfügen, stehen da bereit, wo selbst die größeren unter den privaten Entsorgern an die Grenzen der Finanzierbarkeit stoßen (z. B. sind die Kosten für eine Müllverbrennungsanlage innerhalb der letzten 7 Jahre um etwa das Zehnfache auf ca. 700 Mio. DM gestiegen). Neben den Aktivitäten der Energieversorgungsunternehmen werden auch verstärkt Übernahmeangebote internationaler Unternehmen registriert. In der Entsorgungsbranche sind inzwischen Einstiegspreise für Firmenübernahmen in Höhe des 1,5- bis 3fachen eines Jahresumsatzes durchaus üblich.

Laut Tätigkeitsbericht des Bundeskartellamtes für 1991/92 hat sich die Zahl der Zusammenschlüsse gegenüber 1989/90 auf rund 140 verdoppelt. Allein an mehr als 50 Fusionen sei die RWE über ihre Tochtergesellschaften beteiligt.

Kommunale Sammlung und Entsorgung von "Elektronikschrott"

Die kommunalen Gegebenheiten für die Erfassung und Verwertung bzw. Entsorgung von gebrauchten elektrischen und elektronischen Geräten sind sehr unterschiedlich. Im Hinblick auf die Organisation der kommunalen Müllabfuhr läßt sich zwischen Großstädten und ländlichen Gebieten unterscheiden. Rund 40 % aller Haushalte in Deutschland werden durch kommunale Unternehmen entsorgt, die restlichen 60 % durch private (IKB 1992). In Großstädten und Ballungsräumen in Westdeutschland dominieren die Kommunalunternehmen, während in der Fläche schon die Privatwirtschaft die Hauptrolle übernommen hat. Dort werden private Entsorgungsunternehmen mit der Durchführung der Abfallsammlung und -entsorgung beauftragt. In den fünf neuen Bundesländern sind fast ausschließlich privatwirtschaftliche Unternehmen tätig. Auch bei vielen kommunalen Unternehmen ist derzeit eine Tendenz zur Privatisierung bzw. Teilprivatisierung zu registrieren.

Sofern Deponien auf dem eigenen Gebiet oder im näheren Umland zur Verfügung stehen, werden diese genutzt. Verbrennungsanlagen wurden vorzugsweise von Städten errichtet, denen aufgrund der spezifischen Gegebenheiten keine oder nur unzureichende Deponierungsmöglichkeiten zur Verfügung stehen (Beispiele: Berlin, Essen, Hamburg usw.).

Bereits seit geraumer Zeit haben die Kommunen damit begonnen, bei der Abfallsammlung zu differenzieren, um damit die Voraussetzungen zu schaffen, damit Abfälle wiederverwertet bzw. ihrem jeweiligen Gegebenheiten entsprechend umweltgerecht entsorgt werden. Hierzu zählen u. a. die Maßnahmen Glascontainer, Biotonne, Papiertonne, Schadstoffmobile usw. Im Rahmen der Einführung des Dualen Systems wurden diese bereits bestehenden Maßnahmen eingebunden bzw. ausgebaut.

Neben diesen Holsystemen wurden auch Bringsysteme geschaffen. Als Sammelstelle dienen hierbei die sogenannten "Recyclinghöfe" oder "Wertstoffhöfe".

Die Abholung der nicht mülltonnengängigen Altgegenstände erfolgt im Rahmen der Sperrmüllabfuhr. Diese erfolgt entweder turnusmäßig – die Gegenstände werden zu festen Terminen auf die Straße gestellt – oder terminlich gebündelt über sogenannte Abrufkarten. Hierbei ist eine Abkehr von der ungeordneten Sammlung mittels Preßmüllwagen festzustellen. So werden z. B. Kühlschränke in der Regel getrennt erfaßt. Ebenso bestehen eigene Abfuhrmodalitäten für hauptsächlich aus Metall bestehende Gegenstände (Öfen, Herde, Küchen- und Waschgeräte, Fahrräder, Eisenteile usw.) oder Leuchtstofflampen.

Die Abholung bzw. Abgabe der Gegenstände ist für die privaten Haushalte in der Regel kostenlos, d. h. die Kosten werden über die allgemeinen Müllgebühren abgedeckt. Zum Teil existieren Scheckhefte, in denen die Abholmodalitäten für verschiedene Gegenstände bzw. Geräte aufgelistet sind. Andere Kommunen erheben für die Ausgabe der Abrufkarten eine zusätzliche Gebühr, die in der Regel unterhalb der Schwelle von DM 50.- liegt; teilweise existiert auch eine volumenabhängige Berechnung der Sperrmüllabholung.

Der Anteil von Sperrmüll, dessen sich der Bürger illegal entledigt, steht offensichtlich nicht im Zusammenhang mit den möglichen Kosten einer geregelten Abholung. Der Anteil illegal entsorgter Gegenstände nimmt auch in denjenigen Städten zu, in denen die Sperrmüllabfuhr für den Bürger kostenlos durchgeführt wird (Beispiel: Stadt Frankfurt/M.). Dies ist offenbar einer von finanziellen Aspekten unberührten Gleichgültigkeit einer Minderheit von Bürgern zuzuschreiben.

Gewerbetreibende haben ebenfalls Zugang zur Getrenntentsorgung, wobei die Kosten, sofern es sich nicht um haushaltsübliche Mengen handelt, dem Gewerbetreibenden direkt von dem beauftragten Entsorger in Rechnung gestellt werden oder die Abrechnung mit der Kommune erfolgt. Die anfallenden Kosten liegen in der Größenordnung von DM 50.- bis DM 80.- pro Gerät bzw. zwischen DM 190.- und DM 1800.- pro Tonne Geräte (zum Teil je nach Art der Geräte unterschiedlich) (Neller 1993).

Mit der weiteren Demontage bzw. Verwertung der Gegenstände/Geräte werden zum Teil kommunale Einrichtungen, wie z. B. Behindertenwerkstätten, Arbeitslosenselbsthilfe usw. bzw. gerätespezifische Verwertungsunternehmen beauftragt. Handwerk und Handel haben ebenfalls Zugang zu diesen Systemen.

Beispielhaft für die kommunalen Maßnahmen wird hier das Vorgehen der Stadt Essen vorgestellt, das sich aus einem Pilotprojekt der Stadt und der Thyssen-Entsorgungs-Technik GmbH ergeben hat (Schlapka 1993). Dies zeigt, daß

Kommunen bereits umfangreiche Vorarbeiten leisten, um eine getrennte Abfallerfassung sicherzustellen.

Das Ziel dieses Projektes für die Stadt Essen ist es, zukünftig den Anteil problematischer Stoffe aus dem Hausmüll getrennt zu erfassen (Schadstoffentfrachtung). Die getrennt erfaßten Problemstoffe sollen beauftragten Dritten zur Aufbereitung und Verwertung bzw. umweltverträglichen Entsorgung übergeben werden.
Bevor jedoch der Elektronikschrott einer Behandlung zugeführt werden kann, muß ein entsprechendes Logistikkonzept erstellt werden.
Die Voraussetzungen dafür werden mit dem Abfallwirtschaftskonzept für die Stadt Essen geschaffen, das am 25.03.1992 vom Rat der Stadt beschlossen wurde.
Durch die getrennte Sammlung von Elektronikschrott und die anschließende umweltverträgliche Entsorgung werden erhebliche zusätzliche Kosten bei der Müllabfuhr entstehen. Diese Kosten sind für alle haushaltsüblichen Elektronikschrott-Mengen den allgemeinen Abfallentsorgungskosten anzulasten. Für nicht haushaltsüblichen Elektronikschrott sind angemessene Annahme- bzw. Verwertungsentgelte vorzusehen. Dazu ist die Abfallsatzung zu ändern und die Benutzung der Hausmüllt für die zu erfassenden Elektrogeräte auszuschließen.
Weitere Sammelsysteme für Kleingeräte sowie die Zusammenarbeit mit dem Handel sind zu konzipieren.
Bevor Spekulationen zur Finanzierung der E-Schrott-Entsorgung aufgestellt werden, sollen einige mögliche Sammelkonzepte beschrieben werden.
Bei dieser Beschreibung sollen die Sammelsysteme – Holsystem und Bringsystem – in unterschiedlichen Varianten vorgestellt werden.
... Ein erheblicher Anteil dieser Großgeräte wird durch die Bedarfssperrgutabfuhr erfaßt. Der Ablauf ist folgender:
Auf schriftliche oder fernmündliche Anforderung wird ein Termin zur Abholung des Sperrmülls vergeben. Bereits bei der Terminierung wird abgefragt, um welche Teile es sich bei den abzuholenden Gegenständen handelt.
Zum Termin fahren je nach Bedarf ein Müllpressfahrzeug mit Ladewanne und/oder ein sogenannter Langwagen, es handelt sich dabei um einen Lkw mit langer Ladefläche und Ladelift, die "Kundschaft" ab.
Der brennbare Sperrmüll (z. B. Mobiliar) wird zur bestmöglichen Ausnutzung der Ladekapazität und damit zur Minimierung des Transportaufwandes in den Presswagen verladen und zur Verdichtung zerkleinert. Bei Erreichen der max. Ladekapazität fährt das Fahrzeug die Entsorgungsanlage an.
Kühlschränke, Waschmaschinen, Öfen und sonstige sperrige Gegenstände, die überwiegend aus Metall bestehen, werden von Hand verladen und zum Recyclinghof transportiert, wo sie entsprechend des anschließenden Entsorgungsweges differenziert in Großcontainer verladen werden.
Dieser zerstörungsfreien Sammlung können alle getrennt zu erfassenden mittelgroßen und großen elektrischen und elektronischen Geräte (z. B. Fernsehgeräte) zugeschlagen werden. Bei gleichzeitiger Abholung von mittelgroßen und elektrischen und elektronischen Geräten könnten evtl. Kleingeräte mitgesammelt werden, was zu einer hohen Systemakzeptanz führt.
Neben der Abholung der alten elektrischen und elektronischen Geräte vom Bürger, kann die Sammlung aus dem Bereich Handel und Gewerbe miteinbezogen werden.
Vorteilhaft wäre dabei insgesamt, daß nur eine geringe Neuorganisation nötig wäre. Fahrzeug- und Personalbestand könnten weitestgehend beim alten Stand gehalten werden. **Eine hohe Erfassungsquote bei gleichzeitig flächendeckender kontrollierter E-Schrott-Entsorgung kann erreicht werden.** [Hervorhebung durch ZVEI]
Zur Erfassung der Kleingeräte und ggf. der mittelgroßen Geräte könnte neben der Abfuhr der anderen Abfälle ein zusätzlicher Sammelbehälter eingeführt werden, der von mehreren Wohneinheiten gemeinsam genutzt wird.

Eine besondere Kennzeichnung dieses Behälters ist erforderlich. Durch Kontrollen der Bewohner oder Müllader muß die Rückmeldung "Behälter voll" mit Adresse an die Sperrgutabfuhrorganisation erfolgen, damit die Abholung im Rahmen der nächsten Tour erfolgen kann. Daß diese Kontrolle und Rückmeldung gänzlich ohne Schwierigkeiten erfolgt, ist nicht zu erwarten. Ebenfalls könnten durch Plünderung und damit einhergehender Zerstörung Probleme auftreten.

Insbesondere bei frei zugänglichen Sammelbehältnissen sind Einfüllöffnungen und Behälter durch Form und Material so zu gestalten, daß Manipulationen am Inhalt der Behälter oder Vandalismus keinen großen Schaden verursachen können.

Einen gewissen Vorteil hätte diese zusätzliche Erfassung von E-Schrott über Sammelbehälter, da auch z. B. Altbatterien und Kabelreste miterfaßt werden können.

Auch die Einführung einer sog. Umweltbox, die an einzelne Haushalte oder Wohnungsgemeinschaften ausgegeben wird, ist denkbar. Zur Vermeidung der anderweitigen Verwendung dieser Behälter muß ein ausreichend hohes Pfand erhoben werden.

Die Sammlung mittels "Abfallsack" ist aus Arbeitsschutzgründen nicht akzeptabel.

Neben diesen oben beschriebenen, sehr komfortablen Holsystemen, sind Bringsysteme, ähnlich den bekannten für Altpapier und Altglas mittels Depot und Mehrkammercontainern, denkbar.

Zusätzlich kann das Materialprogramm von Recyclinghöfen um die Fraktion E-Schrott erweitert werden.

Das Abfallwirtschaftskonzept sieht in einer ersten Ausbaustufe vor, daß im gesamten Essener Stadtgebiet neun Recyclinghöfe ihren Dienst aufnehmen. Auf allen Recyclinghöfen soll Elektronik-Schrott entgegengenommen werden. Neben diesen Recyclinghöfen sollen auch kleinere Recyclingstationen im Stadtgebiet errichtet werden. Es ist zu prüfen, ob und wie an diesen Stationen Elektronikschrott entgegengenommen werden kann.

Als Ideallösung ist eine optimierte Kombination aller Sammelsysteme vorzusehen, denn nur durch Bürgernähe ist eine möglichst vollständige Erfassung aller alten elektrischen und elektronischen Geräte möglich.

Zur schnellen Erhöhung der Akzeptanz noch einer weiteren getrennt zu erfassenden Abfallart, mit den Problemen der getrennten Lagerung und zusätzlichen Standplatzanforderungen für Sammelbehälter, ist eine intensive Öffentlichkeitsarbeit unabdingbar.

... Auch heute schon werden von Elektrohändlern Altgeräte wie z. B. Kühlschränke zurückgenommen, die anschließend von diesen Händlern auf dem Recyclinghof abgegeben werden können. Da diese Geräte im Normalfall von der städtischen Müllabfuhr eingesammelt werden, werden diese Geräte gebührenfrei angenommen, wenn eine schriftliche Erklärung über kostenlose Entgegennahme, vom Essener Bürger unterschrieben, bei der Anlieferung vorgelegt wird.

Ähnlich wie beim Konzept der Erfassung von Verpackungen, im Rahmen der Dualen Entsorgung, läßt sich auch hier eine gangbare Lösung finden, die die Zusammenarbeit von privater Wirtschaft und kommunaler Entsorgungslogistik ermöglicht.

Entscheidend für den Erfolg solcher Konzepte ist, daß die Sammelsysteme für den Endverbraucher leicht erreichbar sind. Dies bewirkt eine hohe Akzeptanz in der Bevölkerung und bedeutet eine hohe Rücklaufquote.

Verwertungstechnische Gegebenheiten einzelner Produktgruppen

Verschiedene Produktgruppen können bezüglich ihrer Zusammensetzung, ihrer Marktgegebenheiten und der zur Verfügung stehenden Entsorgungstechniken/Entsorgungskapazitäten zusammengefaßt werden.

1. Fernsehgeräte, Personalcomputer mit Peripheriegeräten:
   - hohe Anteile an Kunststoffen (auch flammgeschützt), Bildröhrenglas, Elektronik;
   - Verwertungstechniken und -kapazitäten zum Teil vorhanden oder in Entwicklung, dies gilt auch für die Märkte für Sekundärrohstoffe;
   - Forcierung der Verfahrensentwicklung für Problemfraktionen erforderlich, Know-how liegt bei den Vormaterialherstellern;
   - getrennte Erfassung der Altgeräte bei industriellen Anwendern sichergestellt;
   - getrennte Erfassung der in privaten Haushaltungen eingesetzten Geräte kann forciert werden.

2. Kleingeräte der Unterhaltungselektronik, Telekommunikationsendgeräte, Arbeitsplatzgeräte der Informationstechnik, kleine Medizintechnik:
   - hoher Anteil an Kunststoffen (auch flammgeschützt) und Elektronik;
   - Verwertungstechniken teilweise vorhanden oder in Entwicklung, Trend: Massenstromverfahren;
   - auf absehbare Zeit relativ großer Reststoffanteil;
   - getrennte haushaltsnahe Erfassung sinnvoll.

3. Kleine Haushaltsgeräte, Elektrowerkzeuge:
   - Hauptbestandteile: Metalle und Kunststoffe (auch flammgeschützt);
   - Verwertungstechniken in Entwicklung, Trend: Massenstromverfahren;
   - getrennte haushaltsnahe Erfassung sinnvoll.

4. Große Haushaltsgeräte:
   - großer Metallanteil, große Kunststoffteile;
   - Verwertungstechnik für Metalle vorhanden;
   - fast vollständige Erfassung der Geräte über Kommunen und Handel gegeben;
   - Forcierung der Verfahrensentwicklung für Kunststoffverwertung erforderlich (Vormaterialhersteller).

5. Kühlgeräte:
   - relativ großer Kunststoffanteil (Innengehäuse, Isolierschaum), in Altgeräten noch FCKW;
   - spezielle Entsorgungs- und Verwertungsverfahren vorhanden;
   - Erfassung über Kommunen und Handel gegeben.

6. Elektrische Lampen:
   - Hauptbestandteil Glas;
   - Umweltrelevanz durch Quecksilber in (Kompakt-)Leuchtstofflampen;
   - Verwertungs- und Entsorgungsverfahren für Leuchtstofflampen vorhanden;
   - Handlungsbedarf für gewerblich eingesetzte (Kompakt-)Leuchtstofflampen nicht gegeben;

- das in vielen Gemeinden schon bestehende Sammel- und Entsorgungssystem für Kompaktleuchtstofflampen aus privaten Haushalten (Finanzierung aus Müllgebühren)sollte beibehalten und flächendeckend ausgebaut werden.

7. Industrielle Schaltanlagen, Meß-, Steuer und Regelungstechnik, öffentliche Netze der Kommunikationstechnik, Großgeräte der Datenverarbeitungstechnik, Großgeräte der Medizintechnik:

- hoher Metallanteil;
- Verwertung/Entsorgung wird von den Letztbesitzern aus dem industriellen, gewerblichen bzw. öffentlichen Bereich selbst veranlaßt.

8. Batterien:

- zum Teil schadstoffhaltig (Quecksilber, Cadmium);
- Kennzeichnung, Rücknahme und Recycling von Batterien mit Schadstoffgehalten von Blei, Cadmium und/oder Quecksilber aufgrund freiwilliger Selbstverpflichtung seit 4 Jahren realisiert;
- gesonderte Verwertung schadstofffreier Haushaltsbatterien nicht sinnvoll.

Branchendarstellungen

Die Produkte der Elektroindustrie sind sehr vielfältig, und zwar sowohl im Hinblick auf ihren vorgesehenen Einsatzzweck und ihren technischen Aufbau als auch im Hinblick auf die Vertriebswege und die Kunden.

1. Unterhaltungselektronik

Aufgrund des heute erkennbaren Verbraucherverhaltens ist absehbar, daß ab 1994 je Jahr ca. 30 000-50 000 t gebrauchter Fernsehgeräte zur Rücknahme und Wiederverwertung anstehen. Dies liegt an der weitverbreiteten Zweit- bzw. Drittnutzung. Während einer längeren Übergangszeit wird sich das Gros der zurückgegebenen Geräte an die Menge der in den Markt gebrachten Geräte (ca. 150 000 t in 1985) annähern.

Kennzeichnend für Fernsehgeräte sind die drei Materialfraktionen Kunststoffe (11 %, davon 54 % flammhemmend ausgerüstet), Bildröhrenglas (56 %) sowie elektronische Schaltungen (9 %). Verwertungsmöglichkeiten für Kunststoffe aus Altgeräten bestehen nicht (Verbundmaterialien, kleine Teile, Flammhemmer). Die Verwertung von Bildröhrengläsern befindet sich in Entwicklung (u. a. Entfernung der Leuchtstoffe, Trennung des blei- und bariumhaltigen Glases, Verwertung als Zuschlag in der Keramikindustrie sowie als Zuschlag zur Bleiverhüttung, Zuschlagstoff für Strahlenschutzzwecke). Verwertungstechniken für die Elektronikbestandteile sind zum Teil vorhanden oder in Entwicklung; die

Kapazitäten reichen z. Z. allerdings nicht aus, wenn alle zurückgegebenen Geräte verwertet werden sollen.

Die Hersteller reduzieren die Anzahl der eingesetzten Kunststoffe und kennzeichnen größere Kunststoffteile. Verantwortungsbewußte Hersteller verzichten entweder auf den Einsatz von flammhemmenden Zusätzen in Kunststoffen vollständig oder setzen Flammschutzmittel ein, die kein Brom mehr enthalten, sofern auf Flammhemmer aus Sicherheitsgründen nicht verzichtet werden kann. Auf den Einsatz der Schwermetalle Blei und Barium im Bildröhrenglas kann aus Gründen des Strahlenschutzes nicht verzichtet werden. Auf andere umweltrelevante Stoffe wie z. B. Cadmium wird in den Bildröhren heutiger Technologie verzichtet. Der Gehalt an möglicherweise umweltgefährdenden Spurenelementen in den elektronischen Teilen wird von den verantwortungsbewußten Herstellern reduziert und kontrolliert.

Eine getrennte Erfassung der Fernsehgeräte erfolgt z. Z. sowohl über die kommunalen Sperrmüllsammlungen als auch über den servicebereiten Handel. Wegen der unzureichenden Verwertungsmöglichkeiten werden Fernsehgeräte nur von einigen spezialisierten Verwertungsunternehmen wiederverwertet.

Andere Geräte der Unterhaltungselektronik (bis zu 40 Mio. Stück) können mit bis zu ca. 100 000 t je Jahr zum Abfall aus den privaten Haushaltungen beitragen. Bezüglich des Rückgabeverhaltens der Verbraucher hinsichtlich der Zweitnutzung gilt das bereits für Fernsehgeräte Gesagte. Diese Geräte sind gekennzeichnet durch die hohen Anteile an Kunststoffen (28 %) und elektronischen Komponenten (9 %). Verwertungstechniken und -kapazitäten sind teilweise vorhanden bzw. in Entwicklung. Eine getrennte Sammlung dieser Kleingeräte erfolgt in der Regel nur dann, wenn sie als nicht mehr reparaturfähig im Handel erfaßt werden. Ansonsten werden diese Geräte zusammen mit dem Restmüll entsorgt.

Der Vertrieb erfolgt sowohl über den Facheinzelhandel als auch über Großmärkte und Kaufhäuser. Der Anteil der vom Handel direkt importierten Geräte ist in den letzten Jahren ständig größer geworden. Die Hersteller sehen sich der Nachfragemacht weniger großer Abnehmer und Einkaufsgemeinschaften gegenüber.

Die getrennte Sammlung von Fernsehgeräten wird heute über den Handel bzw. die kommunale Sperrmüllabfuhr/Abgabe beim Recyclinghof praktiziert. Eine Abgabe über Sammelcontainer kommt nicht in Betracht, da die Geräte zerstörungsfrei für die Verwertung bereitgestellt werden müssen. Verwertungsverfahren für Fernsehgeräte sind zum Teil vorhanden bzw. in Entwicklung; großtechnische Anlagen sind hierfür erforderlich. Märkte für die Sekundärmaterialien sind teilweise vorhanden bzw. im Aufbau.

Um die sonstigen Geräte der Unterhaltungselektronik aus dem Hausmüll herauszunehmen, müssen diese getrennt erfaßt und gesammelt werden ("Elektrosack", Sammelcontainer, Handel).

2. Elektrische Haushaltsgeräte

Zirka 12 Mio. elektrotechnische Haushaltsgroßgeräte (Kühlschränke, Waschmaschinen, Herde, Mikrowellengeräte usw.) mit einem Gesamtgewicht von ca. 560 000 t werden voraussichtlich ausgemustert werden. Der Metallanteil hieran beträgt mehr als 50 %. Hinzu kommen knapp 25 % Kunststoffe. Der Elektronikanteil beträgt weit unter 1 %. Wegen des hohen Metallgehaltes und des sonstigen technischen Aufbaues können diese Großgeräte dem Shredder zugeführt werden. Dadurch können bereits heute nahezu 300 000 t Metalle wiedergewonnen werden. Die restlichen Bestandteile werden als Leichtfraktion entsorgt. Zukünftig können große Kunststoffteile (z. B. Laugenbehälter) der noch zu entwickelnden Kunststoffverwertung zugeführt werden.

Gesondert zu betrachten sind die Kühlgeräte, die wegen der sowohl im Kühlkreislauf als auch im PUR-Schaum eingesetzte FCKW bereits seit längerem einer getrennten Verwertung zugeführt werden.

Bereits ergriffene Maßnahmen, wie erhöhte Demontagefreundlichkeit und Kennzeichnung der Kunststoffe, werden den Reststoffanteil dann weiter erniedrigen.

Nur ca. 10 % der Altgeräte landen auf Deponien, während 90 % bereits heute der Verwertung zugeführt werden (Schätzwert BDE, Köln). Die verwerteten Geräte werden je zur Hälfte über die Kommunen bzw. deren beauftragte Entsorger und über den Handel bzw. Schrotthandel gesammelt.

Erste Maßnahmen der recyclinggerechten Konstruktion werden bereits realisiert. Die weitere Intensivierung dieser Aktivitäten ist absehbar.

An elektrotechnischen Haushaltskleingeräten fallen ca. 40 Mio. Stück mit einem Gesamtgewicht von ca. 72 500 t an. Kennzeichnend ist der Gehalt an Metallen (25 %) und Kunststoffen (51 %). Als umweltrelevant anzusehen sind die Stoffe Quecksilber (als Schalter), Cadmium (als Farbstoff bzw. Stabilisator in Kunststoffen) sowie die flammhemmend ausgerüsteten Kunststoffe. Diese müssen vor einer Verwertung als Schadstoffe entfernt und der Weiterverwertung entzogen werden.

Eine Verwertung von Kleingeräten findet wegen des hohen Kunststoffgehaltes in der Regel nicht statt. Durch recyclinggerechte Konstruktion (insbesondere Verzicht auf Problemstoffe, Kennzeichnung der Kunststoffe) kann dieser Anteil verwertbarer Geräte gesteigert werden, sofern Verwertungskapazitäten für Kunststoffe zur Verfügung stehen.

Eine getrennte Erfassung findet nur bei ca. 10 % der Kleingeräte statt (nicht mehr reparierbare Geräte, die im Handel anfallen). Die überwiegende Mehrzahl dieser Geräte wird von den Haushaltungen in die graue Restmülltonne gegeben. Untersuchungen aus Pilotprojekten lassen vermuten, daß aber viele dieser Geräte über die durchschnittliche Gebrauchsdauer von ca. 8 Jahren hinaus einer Zweit- oder Drittnutzung zugeführt oder in den Haushaltungen weiter aufbewahrt werden.

Die Hersteller von elektrischen Haushaltsgeräten haben bereits mehrere Pilotprojekte sowohl mit Groß- als auch mit Kleingeräten durchgeführt um Erfahrungen über die Sammlung und Verwertung zu gewinnen. Ab Herbst 1993 sollen diese Untersuchungen in einem großflächigen Pilotprojekt in weitaus größerem Maßstab fortgesetzt werden.

65 % der in Deutschland abgesetzten Elektrohaushaltsgeräte wurden auch in Deutschland produziert. Der Versandhandel hält einen Marktanteil von 10 %. Der Vertrieb erfolgt über den Facheinzelhandel sowie über Großmärkte und Warenhäuser.

Die Sammlung von elektrotechnischen Großgeräten ist sowohl über die Kommunen als auch über den servicebewußten Handel sichergestellt. Sofern Kapazitäten für die Kunststoffverwertung zur Verfügung stehen, könnte die Verwertung des Kunststoffanteiles gesteigert werden.

Um Haushaltskleingeräte dem allgemeinen Hausmüll zu entziehen, müssen diese getrennt gesammelt werden ("Elektrosack", Sammelcontainer, Handel). Verwertungsmöglichkeiten und -kapazitäten sind allerdings erst in Ansätzen erkennbar.

3. Elektrowerkzeuge

Je Jahr fallen ca. 3 Mio. Stück, d. h. 10 000 t gebrauchter Elektrowerkzeuge an. Hauptbestandteile sind Metalle (80 %) und Kunststoffe (13 %). Einer Verwertung zugänglich sind neben den Metallen nur bestimmte Kunststoffgehäuse. Der relativ große Anteil an flammgeschützten Kunststoffen muß einer Entsorgung zugeführt werden. Verwertungshemmend stellen sich auch die eingesetzten Öle und Schmierfette dar.

Maßnahmen der recyclinggerechten Konstruktion werden bereits ergriffen. So sollen insbesondere untrennbare Kunststoff-/Metallverbindungen nicht mehr eingesetzt werden. Die Ergebnisse des kürzlich abgeschlossenen Forschungsprojektes an der TU Berlin "Konstruktion recyclingfreundlicher Elektrowerkzeuge" werden in den Firmen jetzt umgesetzt.

Seit April 1993 nimmt eine Gruppe von maßgebenden Herstellern der Elektrowerkzeugbranche im Rahmen eines Pilotprojektes Geräte zurück. Dafür entfällt eine früher gewährte Erstattung in Höhe von 10 % des Neugerätepreises. Die Elektrowerkzeuge werden in Gitterboxen bei Händlern gesammelt. Da es sich um ein vergleichsweise geringes Volumen handelt, ist es möglich, eine zentrale Verwertungsanlage in Niedersachsen mit der Verwertung zu betrauen.

Weiterer Handlungsbedarf für die Rücknahme von gebrauchten Elektrowerkzeugen besteht nicht. Eine Verbesserung der Rücklaufquote (z. Z. ca. 30 %) könnte durch die zusätzliche haushaltsnahe Erfassung (vgl. Elektrohaushaltskleingeräte) erfolgen.

4. Batterien

Hierbei ist zu unterscheiden in:

- Rundzellen (650 Mio. Stück, 23 500 t),
- Knopfzellen (58 Mio. Stück, 116 t),
- wiederaufladbare Akkumulatoren (87 Mio. Stück, 3255 t),
- Starterbatterien für Fahrzeuge (12 Mio. Stück, 164 000 t) und
- Industriebatterien (0,5 Mio. Stück, 16 000 t).

Umweltrelevant sind der Anteil von Quecksilber, der insbesondere noch in Knopfzellen für Hörgeräte zu finden ist, der Cadmiumgehalt der Nickel-Cadmium-Akkumulatoren sowie das Blei der Starter- und Industriebatterien. Verwertungskapazitäten für die Rückgewinnung des Cadmiums (derzeit ca. 60 % Rücklaufquote) bestehen in Frankreich und in der Schweiz. Die quecksilberhaltigen Spezialbatterien für Hörgeräte werden zu 70 % zurückgenommen und in Deutschland verwertet. Ebenfalls zurückgewonnen wird das Blei der Starter- und industriellen Batterien (zu ca. 95 %); deren Kunststoffgehäuse werden ebenfalls wiederverwertet. Eine Verwertung der schadstofffreien Gerätebatterien ist aus ökologischen und ökonomischen Gründen zum heutigen Zeitpunkt weder sinnvoll noch aus Kapazitätsgründen möglich.

Die Hersteller von Gerätebatterien haben im Rahmen einer freiwilligen Selbstverpflichtung innerhalb der letzten Jahre den Quecksilbergehalt ihrer Batterien auf 0 % gesenkt. Quecksilber wird in nennenswerten Mengen heute nur noch in Spezialbatterien,z. B. für Hörgeräte, verwendet.

Im Rahmen einer freiwilligen Selbstverpflichtung der Batteriehersteller werden schadstoffhaltige Batterien gekennzeichnet und über den Handel bzw. öffentliche Sammelbehälter kostenlos zurückgenommen und einer Verwertung zugeführt. Dies betrifft insbesondere Knopfzellen und Nickel-Cadmium-Akkumulatoren. Starter- und industrielle Batterien werden im Zuge vertraglicher Vereinbarungen unter Einbeziehung des Metallhandels zurückgenommen und verwertet (Retour-Bat-Vereinbarung). Die stoffliche Verwertung von Batterien im Rahmen der bestehenden Selbstverpflichtung kostet einschließlich Rückführung, Sortierung und Deponierung von nichtverwertbaren Teilen zur Zeit bei Bleibatterien ca. DM 800/t, bei Nickel-Cadmium-Batterien aus Gemischen ca. DM 6500/t, bei quecksilberhaltigen Knopfzellen ca. DM 12 500/t mit steigender Tendenz.

In Deutschland existiert nur noch ein Hersteller von Batterien, der Importanteil beträgt 47 %. Die weitaus größte Mehrzahl der Batterietypen wird für den europäischen bzw. für den Weltmarkt hergestellt. Batterien werden sowohl im Direktvertrieb als auch über alle Stufen und Formen des Handels vertrieben. Für die gefragtesten Typen existieren europaweite "Spot-Märkte".

Für die Rücknahme und Verwertung von Starter- und Industriebatterien existieren Rücknahme- und Verwertungsverfahren. Weiterer ordnungspolitischer Handlungsbedarf besteht nicht. Rücknahme- und Verwertungsmöglichkeiten für schadstoffhaltige Gerätebatterien und Akkumulatoren bestehen im Rahmen einer freiwilligen Selbstverpflichtung. Die Rückgabequoten können gesteigert werden durch eine verbesserte Kennzeichnung dieser Batterien, eine verbesserte Information der Verbraucher sowie durch eine Ergänzung der Annahmestellen (öffentliche Sammelbehälter, Handel) durch eine haushaltsnahe Sammlung. Verwertungsverfahren für schadstofffreie Batterien sind nur in Ansätzen vorhanden, wobei deren ökologischer Nutzen aufgrund des hohen Energieverbrauchs in Frage gestellt werden muß. Ob die weitere Entwicklung der Technik der Gerätebatterien eine gesonderte Verwertung noch erfordert, ist mehr als fraglich.

5. Kommunikationstechnik

Hierbei ist zu unterscheiden in:

- Technik der öffentlichen Netze (Orts- und Fernvermittlungstechnik, Übertragungstechnik usw.),
- private Netze (Nebenstellenanlagen usw.) und
- Kommunikationsendgeräte (Telefon-, Telefaxgeräte usw.).

Die Geräte der öffentlichen und privaten Netze sind gekennzeichnet durch ihren hohen Metallanteil (68 %). Sie sind im übrigen vergleichbar mit den Geräten der Industriesteuerungen und der Meß- und Regeltechnik. Die Verwertung dieser Geräte wird entweder vom Letztbesitzer (Deutsche Bundespost Telekom, Gewerbe, Industrie) oder vom Hersteller selbst im Zuge der individuellen vertraglichen Rücknahme veranlaßt. Dies gilt insbesondere dann, wenn (Beispiel: Nebenstellenanlagen) die Geräte nur gemietet werden.

Die Kommunikationsendgeräte haben einen hohen Kunststoff- (37 %) und Elektronikanteil (17 %). Sie sind insofern vergleichbar mit den sonstigen Geräten der Unterhaltungselektronik. Verwertungsmöglichkeiten bestehen nur eingeschränkt.

Die Rücknahme von Kommunikationsendgeräten erfolgt automatisch immer dann, wenn diese Geräte nicht gekauft, sondern gemietet sind. Dies ist bei der Mehrzahl der Telefonendgeräte an Nebenstellenanlagen sowie der privaten Telefongeräte der DBP-Telekom der Fall. Diese Geräte werden, soweit dies technisch möglich ist, einer Verwertung zugeführt. Die Ausgangssituation für die Verwertung ist hier insofern besser als bei der Unterhaltungselektronik, da es in diesem speziellen Falle möglich ist, große Stückzahlen gleichartiger Geräte zu sammeln.

Geräte der öffentlichen und privaten Netztechnik werden in der Regel direkt vom Hersteller vertrieben. Die Telekom hält am Markt der Telekommunikationsendgeräte zur Zeit noch 80 % bei Telefonen und 25 % bei Telefaxgeräten. Die restlichen Geräte werden über Großmärkte, Kaufhäuser und den Facheinzelhandel vertrieben.

Für die Rücknahme und Verwertung von Geräten der öffentlichen Netztechnik sowie der privaten Netztechnik besteht kein zusätzlicher Handlungsbedarf. Gleiches gilt für die vermieteten Telekommunikationsendgeräte. Diese werden vom Vertreiber bzw. Hersteller zurückgenommen und der Verwertung/Entsorgung zugeführt. Die im Zuge der Liberalisierung der Telekommunikation zunehmend auch freigekauften Telekommunikationsendgeräte können vom sonstigen Hausmüll getrennt gesammelt werden ("Elektrosack", Sammelcontainer, Handel) und einer eingeschränkten Verwertung zugeführt werden.

6. Informationstechnik

Für informationstechnische Systeme und Geräte kann 1992 von in Deutschland installierten Einheiten in folgendem Umfang ausgegangen werden (European Information Technology Observatory, EITO '93):

- 300 000 große, mittlere und kleine Computersysteme (außer Personalcomputern und Workstations),
- 140 000 Einzelplatzworkstations,
- 9 000 000 Personalcomputer (professionell und privat),
- 3 200 000 Schreibmaschinen,
- 25 000 000 Rechenmaschinen (Tischgeräte und Taschenrechner),
- 1 200 000 Kopiergeräte.

Informationstechnische Produkte machen ca. 10 % der gesamten Tonnage an elektrischen und elektronischen Geräten aus.

Der Importanteil der Informationstechnik beträgt mehr als 2/3 des Gesamtmarktes. Der Vertrieb der industriell und gewerblich genutzten Geräte erfolgt in der Regel direkt oder auch über Systemhäuser und Händler. Arbeitsplatzcomputer und ihre Peripheriegeräte werden über den Facheinzelhandel, Warenmärkte und Kaufhäuser vertrieben.

Zwischenzeitlich werden bis zu 50 % der verkauften Arbeitsplatzcomputer in Privathaushalten eingesetzt.

Wenn auch heute noch die Geräte der industriellen und gewerblichen Informationstechnik durch einen hohen Metallgehalt gekennzeichnet sind, so ist doch schon jetzt im Trend erkennbar, daß auch von der Zusammensetzung her eine zunehmende Vergleichbarkeit mit Audio-/Videogeräten gegeben sein wird. Für den Bereich der Monitore und der Tastaturen gilt hier das bereits für die Fernsehgeräte Dargestellte. Für die Kleingeräte der Informationstechnik können vergleichbare Verfahren eingesetzt werden, wie sie bei sonstigen Geräten der Unterhaltungselektronik vorgesehen sind.

Verwertungsmöglichkeiten bestehen insbesondere für Geräte mit hohen Metallanteilen. Für Kopiergeräte haben einige Hersteller bereits Rücknahme- und Verwertungsverfahren entwickelt, andere Hersteller führen derzeit Pilotprojekte durch.

Die herstellerbezogene Rücknahme von Geräten, die häufig nur gemietet bzw. geleast werden (große Anlagen der Informationstechnik, Kopiergeräte), ist bereits über den Markt geregelt.

Die informationstechnische Industrie hat sich auf die Marktanforderungen nach umweltgerechten Lösungen eingestellt und wird diese Aktivitäten auch in Zukunft weiterentwickeln. Hierzu zählt auch die Wiederverwendung von Teilen für Servicezwecke sowie die Aufarbeitung für Drittmärkte.

Rücknahme und Verwertung der industriell und gewerblich genutzten Informationstechnik sind bei vielen Herstellern bereits etabliert und werden weiter entwickelt. Zwischen Herstellern und Kunden bestehen dort geeignete Vereinbarungen.

Die recyclinggerechte Konstruktion bzw. Fragen der Wiederverwertung und Wiederverwendung von Geräten und Materialien werden auch von Herstellern aus dem Bereich der Informationstechnik bereits intensiv betrieben.

Die Entwicklung informationstechnischer Produkte orientiert sich am Ziel einer Minimierung der Umweltbelastung während des gesamten Produkt-Lebenszyklus. Ganzheitlicher Umweltschutz bedeutet, die ökologischen Auswirkungen des Produkts schon in Entwicklung und Konstruktion zu berücksichtigen. Neben den Phasen Produktion, Einsatz, Recycling und Entsorgung werden dabei die ökologischen Faktoren wie Energieverbrauch, Wasser- und Luftbelastung in Betracht gezogen.

Teilweise haben Unternehmen der IT-Industrie weltweit interne Regelwerke zur umweltgerechten Produkt- und Prozeßentwicklung erarbeitet. Ziel dieser

Entwicklungs- und Konstruktionsvorgaben sind neue Geräte, die unter Umweltgesichtspunkten besser als die Vorgängermodelle gestaltet sind.

Der Fachverband Informationstechnik im VDMA und ZVEI hat sich für klare wettbewerbsneutrale Rahmenbedingungen ausgesprochen. Zwischen Herstellern und Kunden bestehen geeignete Vereinbarungen, die durch entsprechende gesetzliche Regelungen nicht beeinträchtigt werden dürfen.

7. Medizintechnik

Im Rahmen der Medizintechnik fallen 35 000 t Altgeräte je Jahr an. Kennzeichen dieser Geräte ist der relativ hohe Metallgehalt von 60 %. Verwertungstechniken und Kapazitäten stehen in der Regel zur Verfügung, sofern dem nicht spezielle Gegebenheiten des einzelnen Gerätes gegenüberstehen (radioaktive Kontaminierung, Anhaftungen von infektiösen Stoffen usw.). Ausgediente Geräte werden vom Letztbesitzer (Krankenhaus, Arzt) der Verwertung/Entsorgung zugeführt bzw. vom Hersteller im Zuge einer Neulieferung zurückgenommen. Hierbei kommt der Letztbesitzer für die Kosten der Verwertung/Entsorgung auf. Zusätzlicher Handlungsbedarf besteht insofern nicht. Eine geringfügige Entlastung des Hausmülls könnte durch die in vergleichsweise geringem Umfang im Markt befindlichen individuellen Diagnosegeräte (elektronisches Fieberthermometer, Blutdruckmesser usw.) erreicht werden, wenn diese getrennt erfaßt würden (vgl. Unterhaltungselektronik).

8. Elektrische Lampen

Durch den technischen Aufbau ergeben sich bei elektrischen Lampen trotz der vergleichsweise großen Gesamtstückzahlen nur relativ geringe Gewichtsanteile. Diese stellen sich wie folgt dar:

- Glühlampen, 350 Mio. Stück, 13 000 t;
- Halogenglühlampen, 26 Mio. Stück, 300 t;
- Leuchtstofflampen, 80 Mio. Stück, 14 000 t;
- Kompaktleuchtstofflampen, 10 Mio. Stück, 1000 t;
- Hochdruckentladungslampen, 4 Mio. Stück, 700 t;
- Verkehrs-/Signallampen, 210 Mio. Stück, 2400 t;
- Foto-/Optiklampen, 15 Mio. Stück, 170 t.

Allgebrauchslampen (Glühlampen) und Halogenlampen enthalten keine Schadstoffe. Eine Wiedergewinnung von Materialien ist angesichts der geringen eingesetzten Materialmengen ökologisch und ökonomisch abzulehnen. Leuchtstofflampen und Kompaktleuchtstofflampen enthalten aus technischen Gründen eine geringe Menge Quecksilber im Entladungsraum. Zur Verwertung dieser Lampen existieren geeignete Verfahren, die von verschiedenen Verwertungsunternehmen eingesetzt werden. Diese Entsorgungsunternehmen werden in einem Verzeichnis des ZVEI-Fachverbandes Elektrische Lampen nachgewiesen (22

Recycling-, ca. 200 Sammelunternehmen). Ein Zertifizierungssystem für Verwerter ist im Aufbau.

Die röhrenförmigen Leuchtstofflampen werden zum überwiegenden Teil zur industriellen bzw. gewerblichen Beleuchtung eingesetzt. Gleiches gilt für andere Entladungslampen, die der Beleuchtung im öffentlichen Bereich dienen. Die Lampen (auch Kompaktleuchtstofflampen) aus diesem Anwenderkreis werden gem. Abfallgesetz von ihren Betreibern bereits heute mit einer Rücklaufquote von 70-80 % der Verwertung/Entsorgung zugeführt. Handlungsbedarf besteht noch für die einseitig gesockelten Kompaktleuchtstofflampen, die zunehmend auch von privaten Haushalten eingesetzt werden. Hier besteht in vielen Gemeinden schon ein kostenloses Sammel- und Entsorgungssystem (Finanzierung aus Müllgebühren) über kommunale Schadstoffsammelstellen. Dieses funktionierende System entspricht dem ZVEI-Konzept und dem anderer europäischer Länder. Die Lampenindustrie befürwortet den Ausbau dieser haushaltsnahen Sammlung, bei der ein zerstörungsfreier Transport der Lampen zum Verwerter sichergestellt ist. Wegen der langen Lebensdauer der Kompaktleuchtstofflampen ist mit dem Rücklauf nennenswerter Mengen erst ab dem Jahr 2000 zu rechnen. Im Know-how-Austausch mit den Recyclingunternehmen fördert die Lampenindustrie weitestgehende Verwertung.

9. Schaltgeräte, Industriesteuerungen, Meß- und Regeltechnik

Das Gesamtaufkommen dieser Gerätegruppen beträgt ca. 165 000 t, davon ca. 70 % Metalle. Der hohe Metallanteil resultiert aus dem Aufbau dieser Geräte in Form von Schaltanlagen bzw. Schaltschränken. Die elektrotechnischen und elektronischen Steuerungseinheiten werden in entsprechende Gestelle montiert bzw. eingeschoben. Geräte und Anlagen werden meist direkt vom Hersteller an den Endkunden ausgeliefert und montiert. Der Handel ist in der Regel nicht beteiligt.

Ausgediente Geräte werden derzeit vom Besitzer der Entsorgung zugeführt. Vertragliche Vereinbarungen über die Verwertungsmöglichkeiten bzw. Rücknahme von Geräten sind möglich. Ein darüber hinausgehender Handlungs- bzw. Regelungsbedarf besteht nicht. Die Geräte werden als Gewerbe- bzw. Industrieabfälle verwertet oder entsorgt.

Bei Altgeräten stehen ausreichende Verwertungstechniken und -kapazitäten für Metalle zur Verfügung. Eine Abfall- bzw. Umweltrelevanz besteht nur für den nichtmetallischen Anteil. Hier sind die Vormaterialhersteller für die Entwicklung von Verwertungs- und Entsorgungstechniken und die kommunalen Einrichtungen für die Entsorgung der Reststoffe einzubeziehen.

Bereits heute werden bei Neuentwicklungen recyclingerschwerende und umweltbelastende Stoffe vermieden und – soweit technisch und wirtschaftlich möglich – Demontage und Wiederverwertung vorgesehen.

10. Transformatoren, elektrische Maschinen und leistungselektronische Geräte

Geräte und Maschinen dieser Kategorie werden ausschließlich im gewerblichen Bereich eingesetzt. Die Entsorgung ist somit Gegenstand zweiseitiger Vereinbarungen zwischen Anwender und Hersteller oder Entsorgungsunternehmen. Ein zusätzlicher ordnungspolitischer Handlungsbedarf besteht nicht.

Schnelle Demontierbarkeit, geringer Kunststoffanteil und verbesserter Wirkungsgrad sind Kennzeichen einer recycling- und umweltgerechten Konstruktion. Die Substitution bedenklicher Stoffe wird weiter vorangetrieben.

Situation in Europa

Die Verwertung und Entsorgung von gebrauchten elektrischen und elektronischen Geräten ist eine Aufgabe, die sich nicht nur in Deutschland stellt. Daher hat ORGALIME, die europäische Vereinigung der Maschinenbau- und Elektroindustrie, angeregt, diese Aufgabe im Rahmen des europäischen "priority waste stream management project" zu bearbeiten. Die Generaldirektion XI der EG-Kommission hat daraufhin einen prioritären Abfallstrom "electrical und electronic appliances" definiert und die Federführung zur Erarbeitung europäischer Lösungskonzepte Italien übertragen. Die Arbeit der EG-Arbeitsgruppe, in der alle betroffenen Interessengruppen vertreten sein sollen, soll im Herbst 1993 beginnen. ORGALIME wird in der Arbeitsgruppe ebenfalls vertreten sein.

Unabhängig davon sind jedoch in einigen EG-Mitgliedsstaaten bereits nationale Aktivitäten auf diesem Gebiet zu registrieren:

1. Frankreich

Als eine der letzten Aktionen der nunmehr abgewählten französischen Regierung wurde dem Präsidenten von Alcatel Alsthom, Mr. Desgeorges, der Auftrag erteilt, die Studie zur Verwertung elektrischer und elektronischer Geräte ("Desgeorges-Report") fortzuführen und der Regierung bis zum Herbst 1993 einen endgültigen Bericht vorzulegen, der vor allem die Gesamtkosten eines Rücknahmesystems und dessen Realisierbarkeit beurteilen soll.

Ferner hat das Kabinett des Premierministers den Entwurf einer Rahmenverordnung vorgelegt, der im wesentlichen auf dem Lösungsansatz des Desgeorges-Reports beruht, nämlich der Nutzung vorhandener Rücknahmestrukturen und der regionalen Lenkung von Sammlung und Verwertung.

Weiter wird vorgeschlagen, auf dem Wege von Vereinbarungen mit der herstellenden Industrie die recyclingfreundliche Konstruktion von Elektro- und Elektronikgeräten zu fördern. Nur dieser Bereich wird explizit als Aufgabe der Elektroindustrie definiert.

2. Niederlande

Hier versucht die Regierung, auf der Basis freiwilliger Vereinbarungen mit der Industrie Rücknahmesysteme zu installieren. Das Konzept eines solchen Rücknahmesystems wird gegenwärtig von Vlehan, dem Verband der niederländischen Hausgerätehersteller, erarbeitet und mit dem Umweltministerium diskutiert. Dieses Rücknahmesystem bezieht nur große Haushaltsgeräte ein. Kleingeräte werden dabei nicht erfaßt.

3. Dänemark

Auch die dänische Umweltbehörde sieht einen Lösungsweg im Abschluß freiwilliger Vereinbarungen mit der Industrie. Man konzentriert sich vor allem auf die Förderung der Aktivitäten zur recyclingfreundlichen Konstruktion.

4. Belgien

In Belgien ist eine gesetzliche Regelung zur Erhebung von Umweltsteuern in Kraft getreten. Die Umweltsteuer soll zunächst für verschiedene Getränkebehälter, Wegwerfartikel (z. B. Wegwerf-Fotoapparate) und bestimmte Batterien erhoben werden. Bestimmte Batterien werden ab 1.1.1994 mit 20 Francs Umweltsteuer pro Stück belegt. Ausgenommen davon sind Batterien, die in ein geordnetes Rücknahmesystem einbezogen sind. Für diese werden mindestens 10 Francs Pfand pro Stück erhoben.

Aus anderen EG-Mitgliedsstaaten wird ebenfalls lediglich über Aktivitäten zur Umsetzung der EG-Batterierichtlinie berichtet. Bezüglich der Verwertung und Entsorgung gebrauchter Elektrogeräte orientiert man sich am Fortgang der EG-Arbeiten.

Entgegen der tatsächlichen nationalen Praxis haben aber auch Frankreich und Deutschland kundgetan, daß sie "harmonisierte Lösungen in diesem Bereich anstreben und gemeinsam eine Vorreiterfunktion übernehmen, um die künftige Schaffung von EG-Regelungen zu initiieren." (Kommunique 1993).

5. Österreich

In Österreich ist die Entsorgung von Kühlgeräten seit dem 01.03.1993 durch eine Verordnung geregelt. Beim Neukauf eines Gerätes muß eine (verwaltungsaufwendige) Entsorgungsvignette ("Pickerl") erworben werden. Für die restlichen Elektro- und Elektronikgeräte, die bisher noch keiner Regelung unterliegen, wird eine freiwillige Vereinbarung in Anlehnung an eine zu findende deutsche Lösung angestrebt. Ausdrücklich ausgeschlossen wird hierbei eine kostenlose Rücknahme.

6. Schweiz

In der Schweiz werden Kühlgeräte ebenfalls über eine Pool-Lösung mit Vignette entsorgt. Für die Entsorgung von Elektronikgeräten (Büroelektronik und Unterhaltungselektronik) wurde in der Schweiz eine Initiative unter dem Namen "REGENO (Recycling Genossenschaft)" gestartet. Finanzielle Grundlage dieser Genossenschaft soll eine vorgezogene Entsorgungsgebühr (vEG) sein, die im Umlageverfahren entsprechend den jeweiligen Anteilen am Neugeräteverkauf erhoben werden soll. Als Aufgaben der Genossenschaft werden u. a. angegeben: Einzug, Verwaltung und Ausschüttung der vEG, Auftragsvergabe an die Entsorgungsunternehmen, Organisation der Transporte, Kontrolle der Entsorgungsverfahren.

Das Modell der vorgezogenen Entsorgungsgebühr basiert auf Erfahrungen mit Gerätebatterien. Sie soll bis zum Vorliegen von zuverlässigen Erfahrungen pauschal erhoben werden, für alle Gerätetypen der gleiche pauschale Betrag pro Kilo. Es ist vorgesehen, die vEG ohne jeweilige Handelsspanne an die nachfolgenden Handelsstufen weiterzugeben und auf allen Rechnungen und im Endpreis offen auszuweisen.

Auch innerhalb der Schweiz werden die Realisierungschancen unterschiedlich beurteilt.

Literatur

IKB (1992) Deutsche Industriebank, Branchenbericht

Kommunique (1993) der 4. Tagung des deutsch-französischen Umweltrates am 17.2.1993 ,Bonn

Neller K (1993) (Landesanstalt für Umweltschutz, Baden-Württemberg, Karlsruhe) "Entsorgungsaktivitäten einzelner Gebietskörperschaften", Seminar TA Esslingen, Entsorgung von Elektronikaltgeräten (02.-03.06.93)

Schlapka R (1993) (Stadtreinigungsamt Essen) "Entsorgung von Elektronik-Schrott, ein Pilotprojekt der Stadt Essen und der Thyssen-Entsorgungs-Technik GmbH", Seminar TA Esslingen, Entsorgung von Elektronikaltgeräten (02.-03.06.93)

ZVEI (1992) Vermeidung flammhemmender Zusätze in Kunststoffen, Leitfaden. Frankfurt/Main

Elektro-/Elektronikschrott in der Kreislaufwirtschaft

Hiltmar Schubert

1 Einführung

Die Kreislaufwirtschaft ist ein Wirtschaftsprinzip vor dem Hintergrund der Verknappung von Quellen (Ressourcen) und Senken (Entsorgung). Sie stellt ein ökologisches Leitbild dar, das auf ganzheitlichem Ansatz beruht und die Produktionsprozesse und den Lebensweg der Produkte beinhaltet.

Globales Ziel ist hierbei, trotz Wachstum von Leistung und Produkten Ressourcen zu schonen, denn quantitativ expansives Wachstum ist nicht mehr umweltverträglich. Eine solche sogenannte "nachhaltige Entwicklung" muß aber auch ökonomisch durchführbar sein.

Treibende Kraft ist in globaler Sicht das weiter anhaltende Wachstum der Bevölkerung bei hierfür nicht ausreichenden Ressourcen und Mangel an umweltschonender Abfallentsorgung insbesondere in den hochindustrialisierten Ländern.

In Deutschland verursachen hohe Bevölkerungsdichte und Wohlstand insbesondere eine Verknappung der Senken und führen zwangsweise zu einem Preisanstieg der Abfallentsorgung, wodurch die Wettbewerbsfähigkeit beeinträchtigt werden kann. Bis weit in das 21. Jahrhundert wird die Kreislaufwirtschaft daher eine wichtige Rolle bei der industriellen Unternehmensplanung spielen.

Ein vom BMFT finanzierter Arbeitskreis "Wirtschaften in Kreisläufen" hat einige Merksätze festgelegt, die bei der näheren Beschreibung der Kreislaufwirtschaft hilfreich sind:

1. Wirtschaften in Kreisläufen ist ein Beitrag für eine nachhaltige Entwicklung.
2. Wirtschaften in Kreisläufen ist ein ökologisches, ökonomisches, sozialgerechtes und technisches Leitbild zur Fortentwicklung von Produktionsprinzipien vor dem Hintergrund der Verknappung von Quellen und Senken.
3. Wirtschaften in Kreisläufen basiert auf einem branchenübergreifenden, ganzheitlichen Ansatz, der die Produktionsprozesse und den ganzen Lebensweg eines Produkts beinhaltet.

4. Wirtschaften in Kreisläufen orientiert sich an den Prioritäten: Abfall vermeiden, vermindern und verwerten. Die Verwertung orientiert sich an den Prioritäten: Produkt, Bauteil, Stoff, Energie bezüglich Wieder- oder Weiterverwertung.
5. Wirtschaften in Kreisläufen sollte unter den Bedingungen funktionierender Märkte ökonomisch attraktiv sein, d. h. Entsorgungsalternativen dürfen keine finanziellen Vorteile bieten (Internalisierung externer Kosten).
6. Wirtschaften in Kreisläufen wird in der Regel nicht nur durch Technik begrenzt, sondern auch durch ökonomische, ökologische, soziale bzw. politische Randbedingungen.
7. Auch Wirtschaften in Kreisläufen verbraucht Ressourcen.
8. Wirtschaften in Kreisläufen ist komplexer und damit schwieriger als eine Quellen-Senken-Wirtschaft.

Kreislaufwirtschaft hat u. a. auch betriebliche Auswirkungen, wie z. B. Wirtschaften in Kreisläufen bedingt einen vermehrten Logistikaufwand und angepaßte Qualitätssicherung.

Unterstützende Maßnahmen sind:

1. Der Gesetzgeber sollte langfristige Zielvorstellungen geben und dabei den Regeln der Marktwirtschaft folgen.
2. Der Gesetzgeber sollte vor Verabschiedung von Gesetzen und Verordnungen prüfen, ob diese technisch und wirtschaftlich realisierbar und unter gesamtökologischen Gesichtspunkten sinnvoll sind.
3. Innovationen im Sinne der Kreislaufwirtschaft sind zu fördern; dazu sind entsprechende Instrumente zu entwickeln.

2 Situation

Wie sieht das Mengengerüst aus?

Unter die kommende Elektro-/Elektronikschrott-Verordnung fallen ca. 1,3 Mio. t/Jahr, hiervon sind ca. 1/3 Investitionsgüter. Die Angaben haben eine Spannbreite von 0,8-2,0 Mio. t/Jahr. Die einzelnen Fraktionen ergeben sich aus Tabelle 1.

Bis zum Jahre 2000 werden die Mengen auf 1,8 Mio. t anwachsen, wobei die Kunststoffe 0,5 Mio. t übersteigen werden. Die Kosten für die Entsorgung von E/E-Schrott liegen zwischen 700 und 3000 DM/t.

Tabelle 1. E/E-Schrott, Mengengerüst (in 1000 t)

	Konsumgüter	Investitionsgüter	Gesamt
Eisenmetalle	380,6	225,7	606,3
Nichteisenmetalle	51,9	72,4	124,3
Kunststoffe	181,7	80,9	262,6
Glas	103,8	8,5	112,3
Sonstiges	147,0	38,3	185,3
			1290,8

Auch beim E-Schrott gilt die Forderung in der Reihenfolge Vermeiden – Rezyklierung – Entsorgen, wobei hinsichlich des Recyclingprozesses die Abstufung gemäß Tabelle 2 gilt. Die Wertschöpfung nimmt entsprechend ab, während die Aufwendungen in entgegengesetzter Richtung steigen, wobei sortenreines Material die geringeren Aufwendungen und höhere Wertschöpfungen aufweist.

Tabelle 2. Abstufung hinsichtlich der Wertschöpfung im Recyclingprozeß

Bauteilwiederverwendung:	gleicher Verwendungszweck
Bauteilweiterverwendung:	anderer Verwendungszweck
Stoffliche Wiederverwendung:	gleicher Produktionsprozeß
Stoffliche Weiterverwendung:	anderer Produktionsprozeß

Hinsichtlich der Bauteilwieder- und Weiterverwendung sind vornehmlich die Investitionsgüter angesprochen. Da einzelne Bauteil eine längere Lebensdauer als das Gesamtgerät haben können, ist eine Wieder- oder Weiterverwendung denkbar unter der Voraussetzung einer entsprechenden Qualitätskontrolle.

Im Rahmen von Wartung und Instandhaltung ist der Austausch von Verschleißteilen in Geräten im Grundsatz der gleiche Vorgang. Der Konstrukteur wird in Zukunft insbesondere auf die recyclinggerechte Ausführung eines Investitionsgutes achten müssen (Modulbauweise). Aus diesen Gründen wird sicher auch das Leasing von Investitionsgütern in Zukunft einen größeren Umfang annehmen.

Dabei unterscheiden wir drei Stufen:

1. heute Entsorgung von Altgeräten, die absolut entsorgungsgerecht gestaltet sind;
2. Überlegung der Entsorgung von derzeit eingesetzten, noch nicht entsorgungsgerecht gebauten Geräten;
3. Konstruktion entsorgungsgerechter Geräte mit Entsorgungskonzept.

Eine demontagegünstige Verbindungstechnik wird eine große Bedeutung erhalten, auch im Hinblick auf die Trennung von nichtmetallischen und metallischen Bauteilen für die stoffliche Verwendung von sortenreinem Material.

3 Materialaufbereitung

Die Materialaufbereitung des Elektro-/Elektronikschrotts zum typen- bzw. sortenreinen Stoff ist von ausschlaggebender Bedeutung hinsichtlich des wirtschaftlich vertretbaren stofflichen Recyclings, d. h., je besser und rationeller die Stofftrennung zu Beginn des Aufbereitungsprozesses gelingt, um so höher ist das Wertschöpfungspotential. Je kleiner das Bauteil und je enger der Werkstoffverbund sich darstellt, um so schwieriger wird im allgemeinen die Aufbereitung sein.

Die Auflösung des Materialverbundes von Altmaterial ist eine interdisziplinäre Aufgabe der mechanischen, chemischen und thermischen Verfahrenstechnik, die heute erst in Ansätzen sichtbar wird. Hier sind noch Entwicklungen notwendig, die weit über den heutigen Stand der Aufbereitungstechnik hinausgehen. Wir werden erst mittelfristig über wirtschaftlich vertretbare Lösungen verfügen. Hier sind weitere staatlich geförderte F+E-Programme dringend notwendig. Das EG-Nachfolgeprogramm "BRITE EURAM" ist ein gutes Beispiel, bedarf aber einer Aufstockung im hier genannten Sinne. Die Sortierproblematik im Rahmen des Dualen Systems ist in diesem Zusammenhang ein wenig ermutigendes Beispiel, das einem High-Tech-Land nicht zur Ehre gereicht.

Andererseits sollten wir hierbei keine Illusionen haben: Nur sortenreines Rezyklat, das durch Vorsortierung bzw. Auflösung des Materialverbundes kostenmäßig nicht zu stark belastet ist, kann mit dem Neuprodukt konkurrieren. Eine Rezyklierung ist im Rahmen einer Internalisierung der Umweltkosten bezahlbar, dies verlangt aber eine sorgfältige Wahl der Verwertungspfade im Hinblick auf eine Kostenminimierung und die Berücksichtigung des sozialen Umfeldes.In diesem Zusammenhang sind Ökobilanzen sinnvoll einzusetzen. Je nach Einbeziehung von vorgeschalteten Randprozessen sind Aussagen über Ergebnisse mit großen Unsicherheiten behaftet und können Anlaß zu Mißdeutungen geben.

4 Stoffliche Verwendung

4.1 Metalle

Da Metalle eine nahezu unbegrenzte Kreislauffähigkeit besitzen, ist eine Wiederaufbereitung grundsätzlich gegeben. Da die Metallwirtschaft schon seit jeher Recycling betreibt, sind die Verfahren weitgehend automatisiert, vorhandene Techniken müssen auf die neuen Problemstellungen adaptiert werden. Bei der Entsorgung von Nichteisenmetallen (Zn, Cu, Al) sind unterschiedliche Recyclingwege zu beschreiten.

Für Kupfer einschließlich Edelmetallen dürften keine Probleme auftreten. Der Massestrom des Aluminiumlegierungsschrotts wird mit Hilfe einer "Online-Analyse" aufgelöst, um zu sortenreinem Material zu gelangen.

4.2 Kunststoffe

Gewichtsmäßig beträgt der Kunststoffanteil beim E-Schrott ca. 20 % (260-290 kt). Diese Menge wird bis zum Jahre 2000 auf 0,5 Mio. t ansteigen, z. Z. werden 60 kt stofflich verwertet. Einer Wieder- oder Weiterverwertung sind sicher die Kunststoffgehäuse der Geräte zugänglich, wenn Sortenreinheit und Schadstofffreiheit gewährleistet ist.

Kunststoff mit störstoffhaltigen Zusätzen wie Cd-haltigen Kunststoffe, Kunststoffe mit Flammschutzmitteln, halogen- und schwermetallhaltige Fraktionen und Mischfraktionen, die meist aus Kleinteilen bestehen, sollten einer Verbrennung zugeführt werden.

Die Aufbereitung von Mischfraktionen aus größeren Bauteilen wird an Bedeutung gewinnen, falls eine wirtschaftliche Auftrennung der Kunststofftypen möglich wird. Die Forschung hat hier bereits Lösungen angeboten.

In diesem Zusammenhang seien zum Thema Verbrennung einige Bemerkungen eingefügt:

Im Gegensatz zu unseren europäischen Nachbarländern, den USA und Japan ist dieses Thema in Deutschland durch Emotionen beladen. Zwischen Hysterie und Luftschlössern sollten wir einen Weg wählen, der auf fachlichen Erkenntnissen basiert.

Wir leiden heute unter den geringen Umweltstandards der vergangenen Jahrzehnte im Hinblick auf Abfallverbrennungsanlagen. Dieses miserable Image kann nur schrittweise mit Hilfe der neuen Konzepte nach der 17. BIMSCH abgebaut werden. Das uns allen bekannte NIMBY-Syndrom ist dieser Entwicklung nicht förderlich. Wenn die in der Wissenschaft schon seit Jahren bekannte hohe Umweltbelastungen von Hausmülldeponien in der öffentlichen – oder besser in der veröffentlichten – Meinung Allgemeingut wird, dann wird die alte Angst vor Müllverbrennungsanlagen durch die vor Deponien ersetzt. Wir können schon heute feststellen, daß Deponien zu den Altlasten von morgen gehören.

Das Gefahrenpotential kann so hoch werden, daß diese vielleicht bergmännisch abgebaut und entsorgt werden müssen. Dies gilt nicht für Inertstoffdeponien. Die technische Anleitung "Siedlungsabfall" bewegt sich ja bereits in dieser Richtung. Das Ausland hat bei der Entsorgung von Hausmüll die Verbrennung vorgezogen, wobei die besonders umweltbewußten Länder, wie die Schweiz und Schweden, den Vorreiter bei der thermischen Entsorgung unter Energiegewinnung spielen mit dem Argument: Wir sind nicht so reich wie die Deutschen, die den "Brennstoff" deponieren.

Hinsichtlich der Wahl des Recyclingverfahrens ist dessen Wirtschaftlichkeit in Betracht zu ziehen. Eine Aufstellung von Dr. Brandrup vom Verband der kunststofferzeugenden Industrie zeigt folgendes (Abb. 1):

Danach sollten Mischfraktionen bzw. verschmutztes Material einer Verbrennung, Pyrolyse oder Hydrierung zugeführt werden. Die Angaben der Kosten sind natürlich ungenau und richten sich danach, welche Komponenten mit eingerechnet wurden.

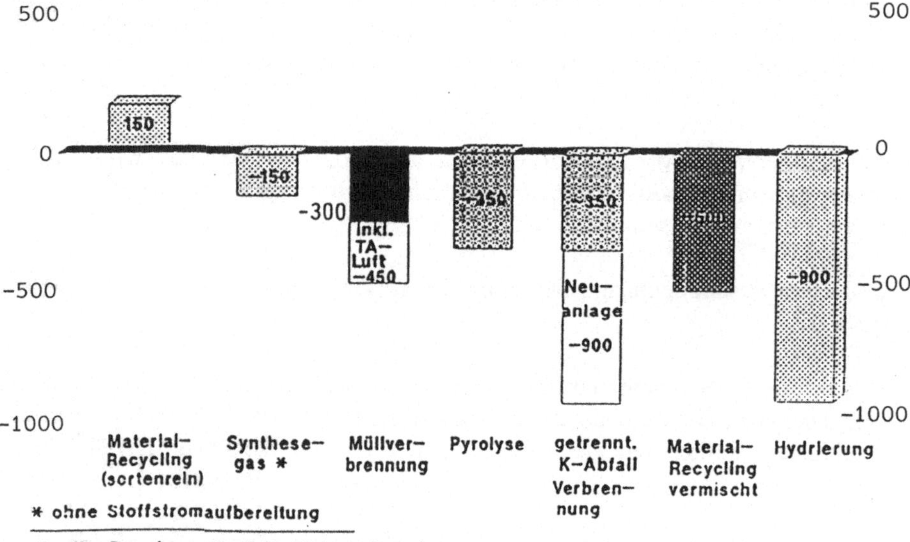

Abb. 1. Wiederverwertung von Altkunststoffen, Wirtschaftlichkeit

Folgende Kostenspanne kann dann angegeben werden:

- Synthesegas: 300-690 DM/t
- Müllverbrennung: 250-650 DM/t
- Pyrolyse: bis 400 DM/t
- Hydrierung: 200-900 DM/t
- Deponie: 200 DM/t (TA Siedlungsabfall)

In diesem Zusammenhang eine Bemerkung zum PVC: Wir sollten unqualifizierte Behauptungen aus politischen Kreisen nicht kritiklos übernehmen. PVC ist ein ausgezeichneter Werkstoff. Er sollte auch weiterhin dort eingesetzt werden, wo seine Vorteile genutzt werden können, wie z. B. in längerlebigen Bauteilen bei besonderen Beanspruchungen. Sortenreines PVC ist rezyklierbar und bildet bei ordnungsgemäßer Entsorgung keine zusätzlichen Gefahren.

4.3 Glas

Ein großer Anteil des Glasaufkommens aus dem E-Schrott umfaßt das Fernsehglas. Aufgrund der unterschiedlichen und komplizierten Zusammensetzung, den hohen Anforderungen und der großen Importquoten ist eine Rezyklierbarkeit zur Wiederverwendung auf absehbare Zeit nicht möglich, außer bei der firmeninternen Rezyklierung von Fehlchargen.

Der Einsatz von genormten Gläsern würde die Weiterentwicklung bremsen und internationale Vereinbarungen erfordern.

Bei den meisten übrigen Gläsern haben wir ähnliche Verhältnisse wie beim Behälterglas. Recycling ist bei Sortenreinheit möglich, sonst folgt Downcycling und Einsatz in alternativen Produkten. Bei Behälterglas liegt die Recyclingquote bei z. Z. 53 % und kann nur durch bessere Sortenreinheit gesteigert werden.

5 Schlußbetrachtung

Nach Ansicht des Autors ist die Umsetzung der E/E-Schrott-Verordnung z. Z. nur in Teilbereichen wirtschaftlich möglich und bedarf der Novellierung. Es sind noch erhebliche verfahrenstechnische Entwicklungen erforderlich, wobei der Schwerpunkt auf Sortenerkennung und -trennung konzentriert werden sollte. Eine Internalisierung der Kosten sollte für den Bürger in Grenzen gehalten und die Wettbewerbsfähigkeit der Industrie erhalten bleiben. Deutschland wird in Zukunft kaum nationale Randbedingungen in einem EG-Binnenmarkt im Alleingang durchsetzen können. Hier bedarf es dringend der Abstimmung.

Der Bürger hat zunehmend erkannt, daß die Deponierung von verbrennbaren Produkten eine langfristige Umweltbelastung und ein wirtschaftlicher Luxus ist, den wir uns nicht mehr leisten können.

Verbrennungsanlagen sollten in abgekürzten Genehmigungsverfahren erstellt werden können, um den Engpaß innerhalb der nächsten Jahre aufzuheben. Wir alle sollten helfen, die Thematik zu entideologisieren, dann verringern sich die Probleme ganz erheblich – insbesondere die selbstgestrickten.

Wiederverwendung – ein alternatives Konzept zur Verwertung von Elektronikschrott

Stefan Keimeier

Gebraucht ist noch nicht verbraucht

Eigentlich steckt er wohl noch in jedem von uns, der Gedanke "Mensch, das ist doch noch nicht kaputt, das kannst du oder jemand anderes bestimmt irgendwie noch gebrauchen." Wer von uns hat nicht auf dem Dachboden, im Keller oder in der Garage so eine Ecke, in der alles mögliche erst einmal gesammelt wird, das zum Wegwerfen zu schade ist, weil es ja noch funktioniert.

Dieser oft nur kurz aufflackernde Gedanke macht einen Teil unserer heutigen Müllproblematik recht deutlich. Früher einmal war lange Nutzung, Reparatur und Instandsetzung für Gebrauchsgüter die übliche Methode, deren Gebrauchswert möglichst lange bis zum völligen Verschleiß zu erhalten. Damals waren die Fachleute für die Reparatur auch gleich in der nächsten Straße oder im nächsten Ort anzutreffen und bildeten einen nicht unerheblichen Wirtschaftszweig, wie der Dorfschmied, der Kesselflicker oder der Schuster.

Im Zuge der Industrialisierung wurde der Ort der Produktion der Wirtschaftsgüter immer mehr vom Verbraucher weg verlagert. Reparatur erforderte zusätzliche Logistik und Verwaltung und war bei vielen Gütern schon bald zu teuer und zu unbequem. Die Optimierung der Produkte erfolgte ausschließlich unter dem Aspekt der kostengünstigen Massenproduktion. Diese Art des Wirtschaftens hat uns zweifellos zu unserem heutigen Wohlstand und den damit auch verbundenen Verbesserungen der Lebensqualität geführt. Doch bekommen wir im zunehmenden Maße auch die negativen Folgen dieses recht einseitigen Denkens zu spüren. Eine dieser Folgen ist die drastisch ansteigende Müllmenge, zu deren Beseitigung der Deponieraum immer knapper wird. Eine weitere Folge ist die zunehmende Verknappung von nicht erneuerbaren Rohstoffen. Dies ist auch der Anlaß für den Gesetzgeber, die Verantwortung der Hersteller für die von ihnen erzeugten Produkte über deren Gebrauchsdauer hinaus zu verlängern. Ziel der dazu vom Gesetzgeber herausgegebenen Verordnungen ist die Vermeidung und Verringerung von Abfällen dadurch, daß der Hersteller zur Rücknahme seiner Produkte verpflichtet werden kann.

In der Hoffnung, es der Natur nachmachen zu können, wird versucht, aus den zurückgenommenen Produkten Rohstoffe zurückzugewinnen und diese für neue Produkte wieder einzusetzen. Die Einsatzstoffe sollen also quasi im Kreislauf fließen. Während dies bei den metallischen Werkstoffen sehr gut funktioniert, bereiten die organischen Stoffe und vor allen Dingen hochkomplex zusammengesetzte Produkte hier zusehends Schwierigkeiten

Wenn deshalb heute die Wiederverwendung, die Reparaturfreundlichkeit oder gar Langlebigkeit für derartige Produkte gefordert wird, ist das kein Rückschritt in die Vergangenheit, sondern eine unabdingbare Voraussetzung für einen schonungsvollen Umgang mit unseren schließlich nur begrenzt vorhandenen Ressourcen Rohstoff, Energie und vor allem unserer Umwelt.

Auch der Begriff der Wiederverwendung hat sich inzwischen unter dem Oberbegriff Recycling eingeordnet. Während früher unter Recycling ausschließlich der Rückfluß von Rohstoffen aus Altprodukten in den Wirtschaftskreislauf verstanden wurde, hat sich die Bedeutung heute auf den gesamten Produktlebenszyklus erweitert. Zu einem einheitlichen Gebrauch der zu dieser Thematik gehörenden Begriffe hat wesentlich die VDI-Richtlinie 2243 beigetragen.

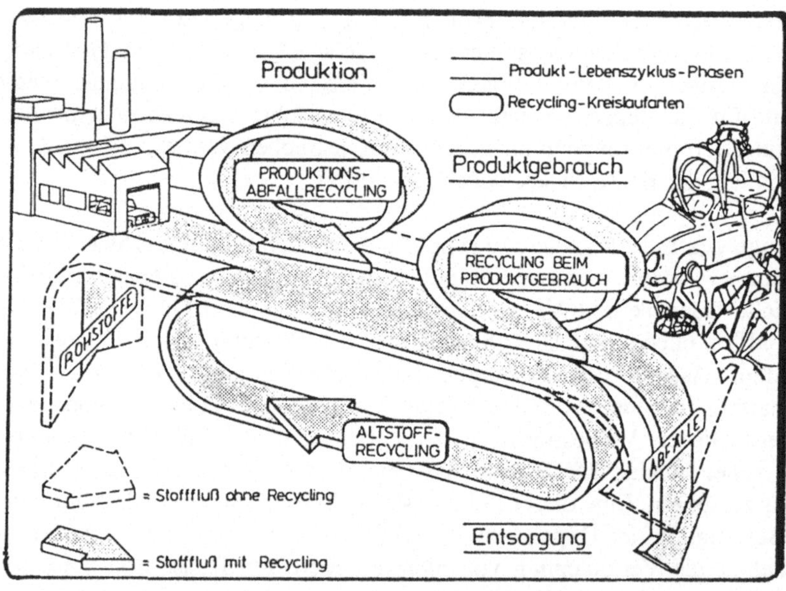

Abb. 1. Recyclingkreislaufarten nach VDI 2243 (Dr. Steinhilper, Fraunhofer-Gesellschaft, Stuttgart, FB/IE)

Heute werden vom zeitlichen Ablauf her über den gesamten Lebenszyklus industriell gefertigter Güter die drei in Abb. 1 dargestellten Kreislaufsysteme unterschieden:

- Produktionsabfallrecycling,
- Recycling beim Produktgebrauch,
- Altstoffrecycling.

Die verbreitetste Art des Recycling, die auch landläufig unter "Recycling" verstanden wird, ist die stoffliche Verwertung von Produktionsabfällen und Altstoffen. Dabei werden über verschiedene mechanische und thermische Verfahren bestimmte Rohstoffe (Sekundärrohstoffe) zurückgewonnen, die dann erneut in Produktionsprozessen eingesetzt werden können. Die hier eingesetzten Verfahren sind die gleichen, zum Teil sogar dieselben Prozesse, die schon bei der Rohstoffgewinnung eingesetzt werden.

Unter Produktrecycling versteht man Rücknahme, Instandsetzung bzw. Aufrüstung und Vertrieb von ganzen Geräten. Dieses Verfahren findet zur Zeit primär Anwendung bei großen und hochwertigen Investitionsgütern. Zur begrifflichen Unterscheidung dieser Recyclingarten werden hier von der VDI-Richtlinie auch unterschiedliche Begriffe verwendet (Abb. 2).

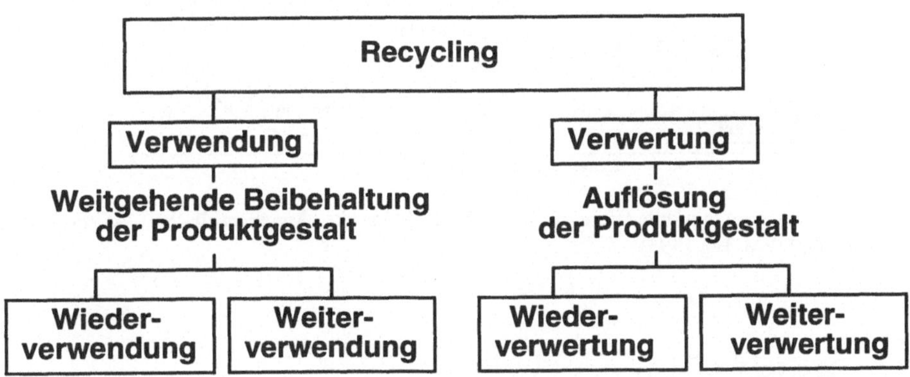

Abb. 2. Verwendete Begriffe für Recycling nach VDI 2243

Wird also ein Produkt oder eine Produktkomponente unter Beibehaltung der Produktgestalt nach einer evtl. Aufarbeitung wieder für den gleichen Verwendungszweck wie ursprünglich eingesetzt, spricht man von Wiederverwendung. Weiterverwendung ist dagegen der erneute Einsatz von Produkten, aber für einen anderen Einsatzzweck. Der Verwertungsbegriff beinhaltet die Auflösung der Produktgestalt unter Rückgewinnung von Rohstoffen, die dann im gleichen Produktionsprozeß wiederverwertet oder für einen anderen Produktionsprozeß weiterverwertet werden können.

Versucht man eine Bewertung dieser verschiedenen Recyclingarten vorzunehmen, sollte man zunächst die Wertschöpfungskette vom Roh- oder Grundstoff zum Werkstoff, von dort über Verbunde zu Bauteil oder Komponente und schließlich zum Investitions- oder Gebrauchsgut betrachten (Abb. 3). Wenn nun die verschiedenen Recyclingarten als Erhalt der erreichten Wertschöpfung eingezeichnet werden, werden die Zusammenhänge sichtbar. Man sieht, daß nach dem stofflichen Recycling der Produktionsprozeß wieder ganz von vorn beginnt. Wertvolle Rohstoffressourcen werden so zwar eingespart, aber es wird wieder Primärenergie mit allen Begleiterscheinungen eingesetzt, und weil kein Aufarbeitungsverfahren rückstandsfrei arbeitet, entstehen erneut Reststoffe, die nicht wiedereinsetzbar sind und oft aufgrund ihrer Schadstoffbelastung als Sonderabfall behandelt werden müssen.

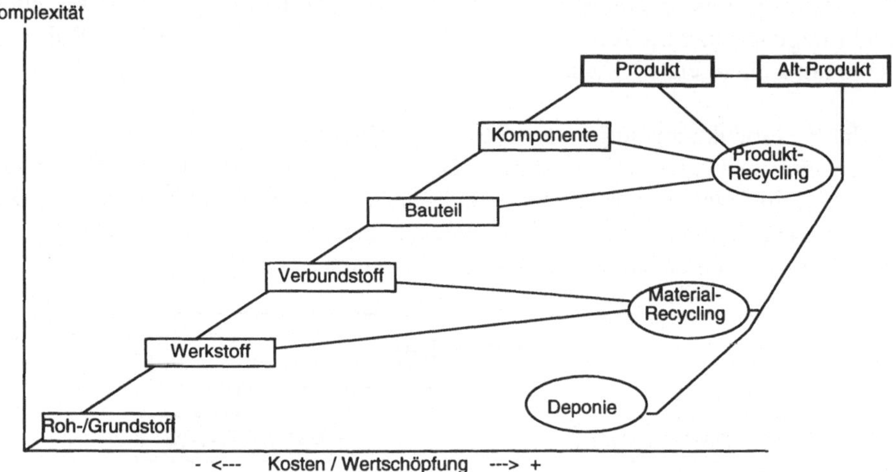

Abb. 3. Wertschöpfungskette.(Vereinfacht nach Dr. Plötschke, Metallgesellschaft AG/Frankfurt, Beitrag zum DVM-Tag 1993)

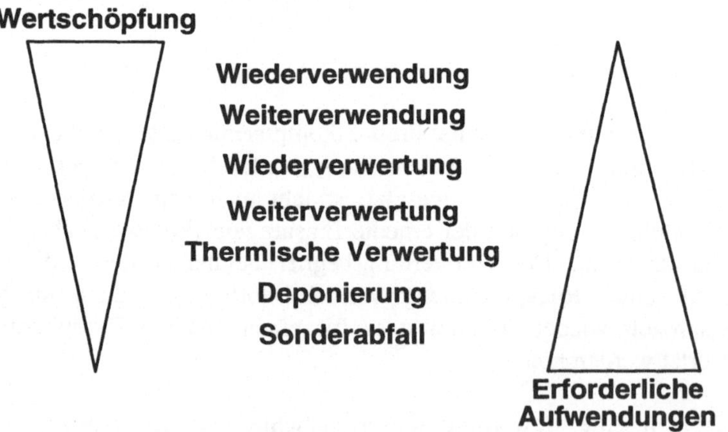

Abb. 4. Vergleich der Wertschöpfungen und Aufwendungen. (Nach Prof. Dr.-Ing. Jansen u. Dpil.-Ing. Brüning, Universität Dortmund, Fachgebiet Logistik, Beitrag zum DVM-Tag 1993)

Dies macht deutlich, daß das stoffliche Recycling nicht sofort am Ende eines jeden Gebrauchszyklus stehen sollte. Gerade bei hochkomplexen technischen Produkten, in die viel Aufwand und Energie gesteckt wurde, um vom Rohstoff über Halbteile bis zum fertigen Produkt zu gelangen, sollte nicht mit einem Schlag (bei Hammermühlen sogar im wahrsten Sinne des Wortes) alles wieder in den Zustand von Roherzen versetzt werden. Da ist es doch besser zunächst zu prüfen, ob ein Werterhalt wirtschaftlich durchführbar ist.

Da die Wiederverwendung allerdings nicht bis ins Endlose getrieben werden kann, muß irgendwann auch das stoffliche Recycling greifen. Eine Kreislaufwirtschaft, die den marktwirtschaftlichen Gesetzen unterliegt, wird daher wahrscheinlich eine optimale Mischung von Produkt- und Materialrecycling einsetzen müssen.

Wiederverwendung am Beispiel der Wiedergewinnung wiedereinsetzbarer Elektronikbauteile

In anderen technischen Bereichen wird Produkt- und Komponentenrecycling schon praktiziert. Im Maschinenbau werden ganze Maschinen repariert, aufgearbeitet und evtl. sogar aufgerüstet, wie z. B. Werkzeugmaschinen, die mit einer CNC-Steuerung ausgerüstet werden, und wieder verkauft. Auch im Kfz-Bereich werden für PKW und LKW instandgesetzte Motoren, Getriebe, Kupplungen etc. als Austauschprodukte eingesetzt.

Aber besonderes in der Elektronikbranche verkürzen sich die Produktlebenszyklen immer mehr. Dadurch, daß ständig neue Modelle mit verbesserten technischen Leistungen zu immer günstigeren Preisen auf den Markt kommen, sind viele Geräte heute nicht länger als 3-5 Jahre im Einsatz. Dadurch vergrößern sich zwangsläufig auch die Abfallmengen, die als Elektronikschrott anfallen. Gerade weil die Erstnutzungsdauer so gering ist und die Geräte im Prinzip noch längere Zeit funktionieren, ergibt sich durch die Möglichkeit der Wiederverwendung ein hohes Potential, zunächst Abfallmengen zu vermeiden und Recyclingkosten zu reduzieren. Tatsächlich haben sich hier drei abgestufte Möglichkeiten zur Wiederverwendung herausgebildet:

- Komplettgeräte,
- Bau-/Funktionsgruppen,
- Bauelemente.

Die erste Stufe ist der Wiedereinsatz der kompletten Geräte. Diese Möglichkeit wird zumeist von den Verwendern selbst schon sehr häufig genutzt. Zum Beispiel kann der alte Drucker gut noch im Lager als Etikettendrucker zum Einsatz kommen.

Falls die Wiederverwendung des Gesamtgeräts nicht möglich ist, kommt als nächste mögliche Stufe die Wiederverwendung von Komponenten oder Baugruppen in Betracht. Von dieser Möglichkeit machen schon einige Firmen, die ein eigenes Rücknahmesystem für ihre Produkte haben, Gebrauch, um Komponenten für den Ersatzteilservice zu beschaffen. Durch dieses sogenannte "alternative sourcing" können so auch Ersatzteile, die vielleicht schon nicht mehr verfügbar sind, gewonnen werden.

Im nächsten Schritt ist dann die Wiedergewinnung von einzelnen Bauteilen aus den elektronischen Geräten möglich. Diese Art der Wiederverwendung wird in Deutschland und Europa z. Z. noch als eine Nischenanwendung betrachtet, während in den USA schon Firmen existieren, die auf diesem Gebiet erfolgreich arbeiten.

Was ist wiederverwendbar

Daß das Produktrecycling gerade auf dem Gebiet der elektronischen Datenverarbeitung und Datentechnik häufiger anzutreffen ist als bei anderen elektronischen Produkten liegt, an dem prinzipiell immer gleichen modularen Aufbau der Geräte (Abb. 5) und der im allgemeinen hohen Qualität der eingesetzten Komponenten. Peripheriegeräte werden oft über standardisierte Anschlußleitungen mit der Zentraleinheit verbunden, so daß sie prinzipiell auch an anderen Zentraleinheiten anzuschließen sind.

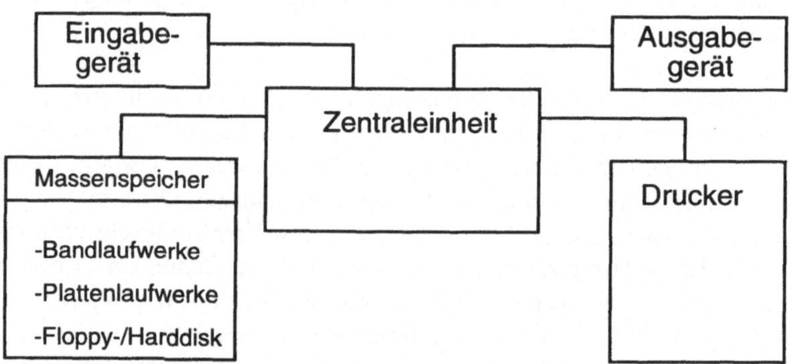

Abb. 5. Prinzipieller Aufbau von EDV-Hardware

Ein sehr ähnliches Bild liefert der interne Aufbau der hauptsächlichen Elektronik, die im allgemeinen auf den Leiterplatten der Geräte untergebracht ist. Der in Abb. 6 gezeigte, schon seit den ersten Mikroprozessoren übliche Aufbau hat sich nie sehr verändert, nur die Leistungsfähigkeit der Komponenten ändert sich in immer kürzer werdenden Abständen.

Im jedem Computer sind also Mikroprozessoren, Speicher für feste Daten und für veränderliche Daten neben den Peripheriebausteinen zu finden. Dadurch, daß die

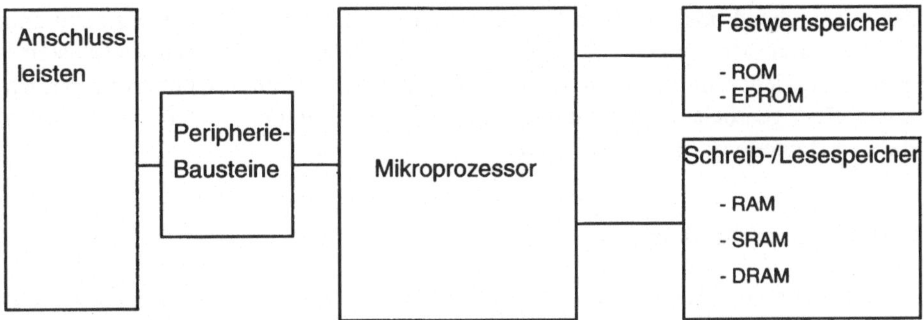

Abb. 6. Typische Bauelemente auf einer EDV-Platine

Mikroprozessoren ihre Befehle aus dem Programmspeicher erhalten, sind sie für alle möglichen unterschiedlichen Aufgaben per Programm auslegbar.

Während die Prozessoren und Peripheriebausteine sogenannten Familien (herstellerabhängig) angehören, sind die Speicherbausteine völlig unabhängig von den Prozessorherstellern und damit noch universaler einsetzbar.

Gerade die universale Einsetzbarkeit von Mikroprozessoren und die allgemein sehr lange Lebensdauer von Elektronikbausteinen prädestiniert diese Bauelemente für eine Wiederverwendung. Abbildung 7 zeigt die Ausfallrate von Elektronikbausteinen in Abhängigkeit von der Zeit. Die Kurve zeigt eine relativ hohe Ausfallrate in den ersten Wochen, die durch Fehler in der Struktur der Bauelemente bedingt sind. Danach folgt eine sehr lange Phase, in der kaum Ausfälle zu verzeichnen sind, im allgemeinen werden hier Angaben von 10-15 Jahren gemacht. Danach erst steigt die Ausfallrate wieder an, was dann die Alterung der Teile signalisiert. Bei der relativ kurzen Nutzungsdauer der Geräte wird also die Lebenserwartung der Bauteile nicht im geringsten ausgeschöpft.

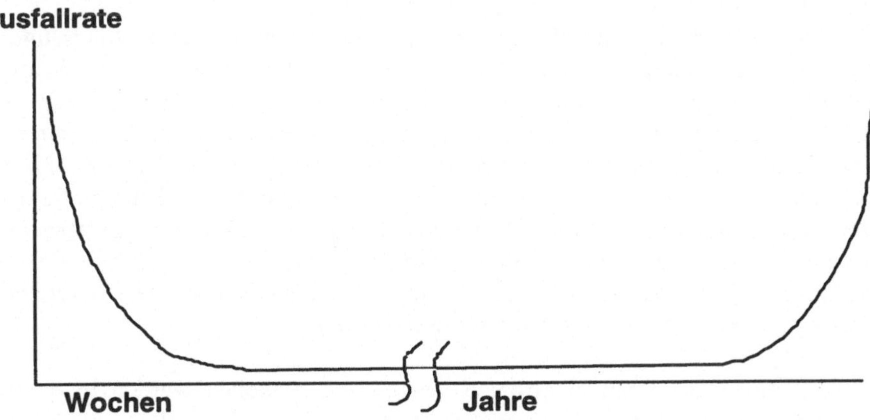

Abb. 7. Lebenserwartung von elektronischen Bauelementen

Bei entsprechend hochwertigen Bauelementen ist also eine Zurückgewinnung und ein Wiedereinsatz denkbar. Ausgehend von der Prämisse, daß solche Bausteine prinzipiell wiedereinsetzbar sind, hat die Cover-tronic schon vor Jahren neben den reinen Zerlegearbeiten an Computerschrott damit begonnen, von hochwertigen Platinen Bauteile wiederzugewinnen.

Verfahrensbeschreibung

Im folgenden soll das Verfahren vom Prinzip her dargestellt werden. Es beginnt zunächst damit, daß die Platinen für die einzelnen Bearbeitungsstufen vorsortiert werden müssen. Dabei werden je nach Bauteilebestückung verschiedene Gruppen gebildet.

Gleichzeitig wird für unbekannte Bausteine die mögliche Wertigkeit ermittelt, oder es muß identifiziert werden, ob es sich vielleicht um einen potentiellen Schadstoffträger handelt.

Die sortierten Leiterplatten werden anschließend in der ersten Bearbeitungsstufe von den schadstoffhaltigen Bauelementen, wie Batterien, Akkumulatoren, elektrolythaltige Kondensatoren oder quecksilberhaltige Relais, befreit. Die Schadstoffe werden getrennt gesammelt und entweder zur Aufarbeitung oder zur Deponierung weitergeleitet. Weiterhin werden in diesem ersten Arbeitsschritt die wiederverwendbaren Bausteine, die auf Stecksockeln auf der Platine montiert sind, entstückt. Die abgenommenen Bausteine müssen anschließend noch nach verschiedenen Kriterien wie Bauteiltyp, Hersteller und Geschwindigkeit sortiert werden. Aus Gründen des Datenschutzes und um den Kunden die Bauteile wie neuwertig anbieten zu können, werden die EPROMs in einem weiteren Arbeitsschritt zunächst gereinigt und anschließend mit UV-Licht die darin enthaltenen Daten gelöscht. Stichprobenmäßig wird getestet, ob die Löschung vollständig erfolgt ist und ob die Bausteine reprogrammierbar sind.

Die teilentstückten Leiterplatten werden in der nächsten Bearbeitungsstufe an speziellen Schneideplätzen zerschnitten. Damit kommen wir einem häufigen Kundenwunsch nach, nämlich der Entwertung der Platinen, damit diese nicht wieder als Ersatzteile von Servicefirmen eingesetzt werden können. Des weitern ist aber das Zerschneiden von größeren Platinen ohnehin notwendig, weil für den nächsten Arbeitsschritt, das Entlöten, eine bestimmte Leiterplattengröße nicht überschritten werden darf. Gleichzeitig werden die Trennschnitte günstigerweise so gelegt, daß bestimmte Funktionsgruppen wie Speicherbereich, Mikroprozessoren usw. herausgeschnitten werden. Platinenbereiche ohne Werteträger können so schon vor dem Entlöten separiert werden.

Die Platinenstücke mit elektronisch wertvollen Bauteilen werden in einzelne Gruppen sortiert, wodurch das große Manko, daß nämlich nicht wie bei der Produktion in Serien gearbeitet werden kann, sondern immer wieder verschiedene

Platinen auftauchen, etwas abgeschwächt wird. Durch die Gruppenbildung können aber so z. B. an einem Tag vorwiegend Speicher entlötet werden, an nächsten Tag dann vielleicht nur Prozessoren. An den Entlötstationen können sowohl durchgesteckte Bauteile (z. B. DIL-Gehäuseform) oder auch Bauteile in Oberflächenmontage (SMD) entlötet werden. Dabei werden in einem Wärmebad die Verlötungen aufgeschmolzen, so daß die Bauteile von den Platinen abgenommen werden können. Nach dem Entlöten müssen die Bausteine noch nachbearbeitet werden. Zum einen können durch die Vorbehandlungen die Anschlußbeinchen leicht verbogen sein und müssen gerichtet werden, häufig bleibt aber auch vom Entlöten noch Lötzinn an den Anschlüssen haften, was die anschließende Neuverzinnung erforderlich macht. Abschließend werden die Bauteile noch gereinigt und nach entsprechenden Kriterien sortiert.

Für die Qualitätskontrolle werden bei Massenartikeln wie Speicherbausteinen Stichproben genommen und getestet, hochwertige Bauteile werden komplett einer Funktionsprüfung unterzogen. Die Stichprobenkontrollen und Kundenrückläufe ergeben eine Ausfallrate, die weit unter 1 % liegt.

Schließlich werden die Bauelemente noch mit dem Firmenlogo "CT" gestempelt, um sie für den Wiederverkauf als Bauteile aus der Rückgewinnung gebrauchter Elektronik zu kennzeichnen. Die so markierten wiedergewonnenen Bauteile werden im Lager aufgenommen und zahlenmäßig erfaßt, so daß dem Verkauf anschließend die verfügbaren Mengen bekannt sind.

Wiederverwendung ist nicht nur ökologisch sinnvoll, sondern auch ökonomisch durchführbar

In der Einleitung wurde schon erwähnt, daß die Wiederverwendung ökologisch gesehen einen sehr hohen Stellenwert besitzt, doch was helfen solch hehre Ziele, wenn die Wirtschaftlichkeit dabei auf der Strecke bleibt. Leider gibt es auch zu dieser doch recht neuen Thematik der Wiederverwendung noch keine wissenschaftlichen Untersuchungen, so daß wir zur Beleuchtung dieses Aspekts hier nur unsere Erfahrungen darstellen wollen.

Unter der Prämisse, daß ein rein privates Unternehmen im Recyclinggeschäft wirtschaftlich arbeiten muß, müssen die Recyclingkosten sich grob gerechnet aus den folgenden Kostenfaktoren zusammensetzen:

- allgemeine Betriebskosten,
- Demontagekosten,
- Aufarbeitungskosten für wiederverwertbare Materialien,
- Kosten für Deponierung/Aufarbeitung von Schadstoffen oder nicht verwertbaren Stoffen,
- Erlöse aus Verkauf wiederverwertbarer Sekundärrohstoffe.

Die traditionell einzige Erlöskomponente ist hier also die Wiedergewinnung und Vermarktung von Sekundärrohstoffen. Auf Grund des komplexen Aufbaus und des Schadstoffgehalts von Elektronikschrott und um die Stofffraktionen möglichst sortenrein bereitstellen zu können, machen die Kosten der Demontage, die zur Zeit nur manuell durchzuführen ist, den größten Kostenfaktor aus.

Um bei steigenden Entsorgungskosten für die Schadstoffanteile im Elektronikschrott und bei den sinkenden Rohstoffpreisen die Aufarbeitungskosten nicht ins Uferlose wachsen zu lassen, sind Wege zu suchen, die die Kosten reduzieren. Die Wiederverwendung, wenn sie wirtschaftlich durchführbar ist, ist eine solche Möglichkeit und wird von der Cover-tronic seit 1989 betrieben.

Die Umsatzverteilung aus den Jahren 1991 (Abb. 8) und 1992 zeigen, daß durch die Spezialisierung bereits zwei Drittel des Umsatzes durch die Wiederverwendung und Wiedervermarktung von Bauteilen bestritten wird.

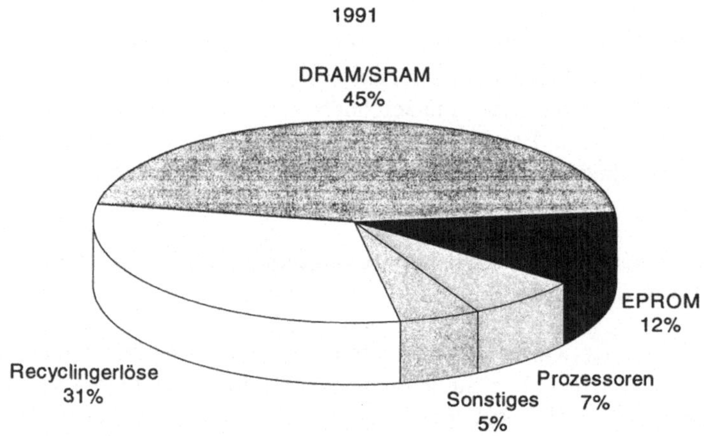

Abb. 8. Umsatzverteilung 1991

Die Aufarbeitung der Bauelemente erfordert, wie die Darstellung des Verfahrens zeigte, viel manuelle Arbeit und ist dadurch auch mit Kosten verbunden, die allerdings weitgehend unabhängig vom Bauteilwert sind. Je nach Bauteiltyp sind natürlich unterschiedliche Aufarbeitungsschritte und Testverfahren einzusetzen. Dadurch ergibt sich, daß sich die Aufarbeitung nur bei solchen Bauteilen lohnt, die preislich über den Aufarbeitungskosten von zur Zeit 0,50-1,00 DM pro Stück liegen. Da die elektronischen Bauteile, abgesehen von Hobbymarkt, nur in entsprechenden Stückzahlen absetzbar sind, reichen die Leiterplatten aus der eigenen Demontage nicht aus. Es werden deshalb von anderen Zerlegebetrieben zusätzlich Leiterplatten angekauft, die entsprechend dem Wert der enthaltenen

Elektronik bezahlt werden. Die für die Wiedergewinnung von Bauteilen interessanten Platinen werden hier mit Preisen von 3 DM/kg bis zu Spitzenpreisen von 125 DM/kg vergütet. Die Grundlage für die Preisfestlegung der wiederaufgearbeiteten Bauteile ist der übliche Marktwert für gleiche neue Bauteile, der das obere Limit darstellt. Im allgemeinen liegen die Preise bei ca. 30-80 % des Preises für Neuware. Die zum Teil recht starken Marktschwankungen müssen jeweils nachvollzogen werden und erschweren die Kalkulationen auf diesem Gebiet.

Wenn auch in der Umsatzverteilung die Speicherbausteine den großen Umsatzanteil ausmachen, so sind es doch an die 1000 verschiedene aktive und ca. 400 passive Bauelementtypen, die zur Wiedervermarktung gelangen.

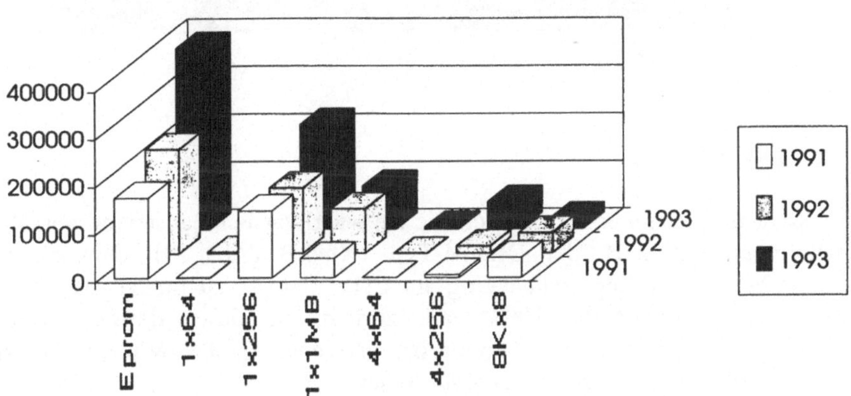

Abb. 9. Verkaufszahlen Speicher-IC

Betrachtet man die Verkaufszahlen für Speicherbausteine in den letzten 3 Jahren (Abb. 9), so ist ein stetiger Anstieg für die meisten Bausteine zu verzeichnen. Für die meisten Bausteine entsprechen die Verkaufszahlen den Zahlen der aufgearbeiteten Bausteine. Das heißt, wenn mehr Leiterplatten mit entsprechenden Bauteilen zur Aufarbeitung zur Verfügung gestanden hätten, wären entsprechend mehr Bausteine verkauft worden. Dies macht auch eine der marktwirtschaftlichen Schwierigkeiten auf diesem Unternehmensgebiet deutlich, der Zufluß von entsprechenden Bauteilen ist nur im begrenzten Maße berechenbar und kaum steuerbar. Trotzdem rechnen wir auf Grund des zunehmenden Interesses an der Wiederverwendung, daß evtl. noch im diesen Jahr von uns die Millionengrenze an verkauften Bauelementen überschritten wird.

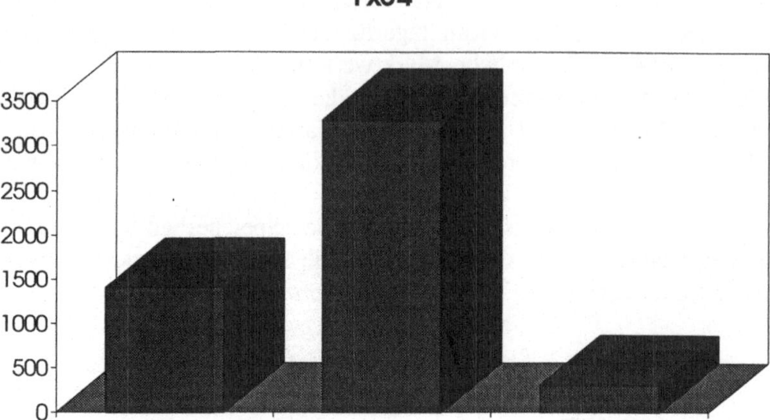

Abb. 10. DRAM 1x64 kB

Interessant und anzumerken ist auch die Entwicklung bei Bausteinen aus älteren Generationen wie z. B. der DRAM-Typ 1X64kB (Abb. 10). Obwohl dieser Baustein beim Recycling recht häufig auf EDV-Platinen zu finden ist, gehen die Verkaufszahlen seit Mitte 1992 stark zurück, da dieser Baustein von der Technologie her inzwischen überholt ist, und auch in der Wiederverwendung schon die neueren Typen zur Verfügung stehen.

Wo nun gezeigt wurde, daß schon entsprechende Stückzahlen von Bauteilen verkauft werden, ist es sicher auch interessant, den Markt in den diese Gebrauchtelektronik fließt, zu betrachten. Es ist nämlich nicht damit getan, die Bauteile wiederzugewinnen und sie dem Markt anzubieten, sondern es müssen auch entsprechende Märkte dafür gesucht und erschlossen werden.

Gerade die vergangenen Jahre des Überflusses und der Wegwerfmentalität haben die Bereitschaft, gebrauchte Elektronik einzusetzen, sehr stark reduziert. In enger Zusammenarbeit mit Entwicklern, aber auch durch eigene Produkte haben wir inzwischen inländische Absatzmärkte für diese Bauteile öffnen können.

Für den Homecomputersektor werden inzwischen von uns fünf verschiedene Produkte angeboten. Im wesentlichen handelt es sich dabei um Speichererweiterungen und Upgradeboards, die die Rechenleistung der Geräte steigern.

Wie unserer Zeitungsanzeige (Abb. 11) zu entnehmen ist, machen wir darauf aufmerksam, daß die Produkte unter Verwendung recycelter Bausteine hergestellt werden, und geben eine Garantie auf die Produkte. Des weiteren garantieren wir

Unser Beitrag zum Umweltschutz

Speichererweiterungs-Turbokarten für

Amiga 500, 2 MB bis Rev. 7A -Akkugepufferte Uhr - abschaltbar, intern 139,00 DM

Amiga 500, 4 MB bis Rev. 7A -Akkugepufferte Uhr - abschaltbar, intern 349,00 DM

Amiga 2000 - Grundbestückung 4 MB - aufrüstbar auf 8 MB (Sippmodule)
4 MB 299,00 DM bestückt mit 8 MB 499,00 DM

Turbokarte A500 68020-20 und 68882-20,
Speicher 128 kB, 32 Bit, 0 Waitstates (max. 512 kB)
Montage in Prozessorsockel 399,00 DM
mit 512 kB 549,00 DM

Highend-Stereo-Soundsampler 149,00 DM

Die Bestückung unserer Erweiterungen erfolgt fast ausschließlich durch gebrauchte und getestete Bauteile. Wir verfolgen damit zielstrebig und konsequent den Gedanken des Umweltschutzes. Auf diese Amiga-Produkte gewähren wir **24 Monate Vollgarantie!** Ebenfalls garantieren wir schon jetzt die kostenlose Entsorgung unserer Produkte im Sinne der.ab 01.01.1994 geltenden Elektronikschrottverordnung. Die Auslieferung erfolgt in der Reihenfolge der eingehenden Bestellungen per Post. Nachnahme zuzüglich einem Versandkostenanteil von 10,- DM. Die Lieferzeit beträgt ca. 14 Tage.

Cover-tronic GmbH
W-4798 Haaren/Westfalen, Adam-Opel-Straße 11
Telefon 02957-1532/1552, Fax: 02957-1522

Abb. 11. Anzeige

schon heute die kostenlose Rücknahme der von uns verkauften Elektronik zum Recycling.

Weitere eigene Produkte sind die weite Palette der Speichererweiterungen, z. B. SIMM/SIPP-Module, für die verschiedensten Personalcomputer oder Steckkarten für Drucker.

Aber auch andere deutsche Hersteller, vor allem Produzenten von Kleinserien, setzen unsere aufgearbeiteten Bausteine für ihre Produkte ein. Die Märkte hier reichen von Zusatzkarten für Homecomputer über Maschinensteuerungen bis hin zu VME-Bus-Zusatzkarten.

Einen zur Zeit noch sehr schwachen Markt stellt das westliche europäische Ausland dar, im geringen Maße sind hier die Schweizer, Österreicher und Belgier aktiv. Demgegenüber ist der US-amerikanische Markt vertrauter mit der Wiederverwendung und kauft bestimmte Bauteiltypen, die auf dem hiesigen Markt unüblich sind, gerne auf.

Das Hauptabsatzgebiet für Bauteile älterer Generationen ist der osteuropäische Markt, vor allem CSFR, Polen und GUS-Staaten. Bedingt durch die frühere

Beschränkung durch die COCOM-Liste, wonach nur elektronische Bauteile mit bestimmten maximalen Spezifikationen bezüglich ihrer Leistungsfähigkeit (Speichergröße, Geschwindigkeit) dort eingeführt werden durften, sind diese Länder noch sehr vertraut mit diesen Bauteilen und setzen diese noch heute ein. Aber auch die schwache finanzielle Lage in diesen Ländern macht den Ankauf preisgünstiger gebrauchter Elektronikbauteile interessant (Abb. 12 a,b).

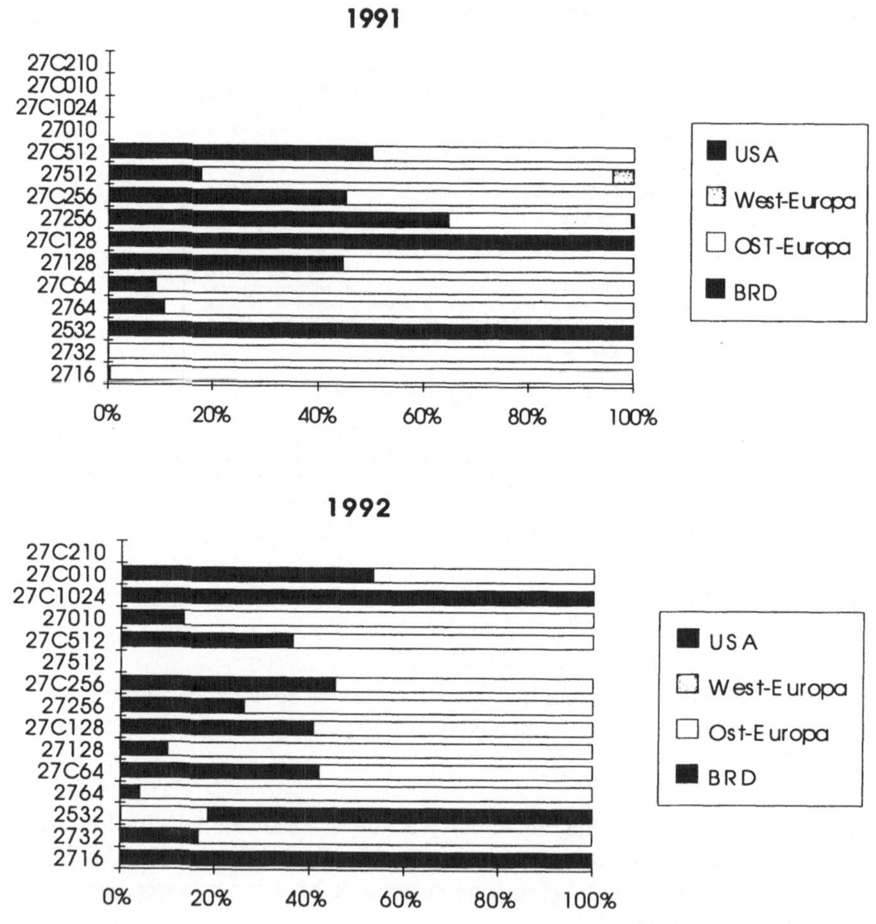

Abb. 12 a,b. Umsatz nach Ländern

Widerspruch zwischen Anspruchsdenken und Umweltgedanken

In unserer anspruchsvollen Welt werden gerade auf dem Elektroniksektor immer leistungsfähigere und technisch ausgefeiltere Produkte angeboten. Für den Kunden ist es schon fast eine Imagefrage, diesen Trends zu folgen und immer das aktuellste und komfortabelste Gerät zu besitzen. Gerade im Bereich der EDV-Geräte sind inzwischen Innovationszyklen von nicht einmal einem Jahr üblich, in dem ein Hersteller ein neues technisch verbessertes Modell auf dem Markt bringt. Viele Geräte werden durch diesen rasanten Fortschritt viel zu früh zu Abfall und führen bei der zur Zeit oft noch üblichen Entsorgung zur Überfüllung und zusätzlichen Belastung der Deponien.

Im Falle der fachgerechten Entsorgung verursachen sie zusätzliche Kosten. Die Wiederverwendung und damit verbundene Verlängerung der Produktlebensdauer böte sich hier als Ausweg aus dem drohenden Müllinfarkt an. Aber gerade hier setzt wieder das Anspruchsdenken an die Geräte ein, so daß nur Geräte jüngeren Datums "second-hand" komplett vermarktbar sind. Ältere Geräte können allenfalls abgesetzt werden, wenn sie technisch überholt oder aufgerüstet werden. Oft lohnt eine Reparatur defekter Geräte auf Grund der Kosten überhaupt nicht mehr, weil neue Geräte billiger angeboten werden können. Der Mangel an Modularität und Reparaturfreundlichkeit heutiger Gerätegenerationen wirkt sich hier besonders negativ aus.

Trotz der genannten Gründe läßt sich aber nicht pauschal ableiten, daß die Wiederverwendung für Elektronikgeräte nicht möglich ist. Es ist nur in jedem Einzelfall zu prüfen, ob die Kosten für die Aufarbeitung nicht die erzielbaren Erlöse übersteigen. Oft sind es kleine Nischenlösungen, die Absatzmöglichkeiten aufdecken. Aber auch durch die Öffnung des Ostens kann durch Wiederverwendung ein zukünftig interessanter Markt erschlossen werden, der zur Zeit zwar schon an hochwertiger Technik interessiert ist, sich diese aber finanziell noch nicht leisten kann. Hier kann schrittweise zunächst durch Verkauf von Gebrauchtprodukten deren Wirtschaftskraft unterstützt und aufgebaut werden.

Die Wiederverwendung von einzelnen Komponenten aus Geräten hat häufig schon eher eine Chance, da hier im Gegensatz zum Komplettgerät Designformen oder technische Spielereien weniger von Bedeutung sind, sondern eher die Funktionsfähigkeit gefragt ist. Komponenten, die für den professionellen Einsatz schon technisch veraltet erscheinen, können im semiprofessionellen Bereich oder für Hobbyanwendungen durchaus noch akzeptable Leistungen erbringen.

Hindernisse bei der Wiederverwendung von Bauelementen

Ebenso wie Komplettgeräte oder Baugruppen sind auch Bauelemente nicht uneingeschränkt wiedereinsetzbar. Auch hier kann der Anspruch, technisch das Beste und Neueste einzusetzen, nicht erfüllt werden. Da die Bauteile von Platinen zurückgewonnen werden, die aus dem Recycling stammen, kann die Elektronik auch immer nur zeitlich verzögert als Gebrauchtelektronik wiedereingesetzt werden. Aber selbst bei Bauteilen, die nur wenige Jahre alt sind und durchaus noch dem technischen Stand entsprechen, ist bei den westeuropäischen Herstellern eine große Hemmschwelle vorhanden, diese Bausteine einzusetzen.

Wenn aber Hersteller gefunden wurden, die bereit sind, wiedergewonnene Bauteile einzusetzen, treten weitere Schwierigkeiten auf. Es ist für uns in der Aufarbeitung nicht möglich, garantierte Mengen von Bauteilen zu bestimmten Terminen bereitzustellen. Dazu ist der Zufluß von Leiterplatten, die entsprechende Bauteile enthalten, nicht kalkulierbar. Auch können oft für eine Produktionsreihe notwendige Mengen nicht bereitgestellt werden, weil noch sehr viele elektronisch interessante Leiterplatten nicht für die Wiederverwendung weitergegeben werden, sondern in die stoffliche Aufarbeitung gehen, d. h. in den Shredder oder in den Schachtofen. Zum einen mag es daran liegen, daß die Wiedergewinnung und Wiederverwendung von Bauelementen und die damit verbundene Reduzierung der Aufarbeitungskosten noch nicht entsprechend bekannt ist. Zum anderen ist es aber auch die restriktive Vorgabe von Herstellern, die mit dem Anspruch an Technologieschutz eine komplette stoffliche Verwertung und damit auch die Vernichtung der Bauelemente fordern. Dies ist unseres Erachtens eine unnötig überzogene Forderung, da die kundenspezifischen Bausteine auf Grund ihrer hohen Spezialisierung für die Wiederverwendung ungeeignet sind. Die Zerstörung und Verwertung solcher Bausteine kann garantiert und jederzeit kontrolliert werden. Für die Wiederverwendung sind nur solche Bauteile von Interesse, die neu auch über jeden Elektronikdistributor vertrieben werden.

Aber auch technisch sind bei der Wiedergewinnung der Bauteile noch Hürden zu überwinden. Für die Wiedergewinnung der Bauteile gibt es keine Spezialwerkzeuge oder Maschinen, die ein rationelleres Arbeiten ermöglichen. Zum Teil müssen Standardwerkzeuge für die speziellen Bedürfnisse bei der Demontage angepaßt werden oder durch Eigenkonstruktion geeignete Hilfsmittel geschaffen werden. Auch die Automation für die Entstückung von Platinen liegt noch in weiter Ferne, denn die Demontage ist nur oberflächlich betrachtet die Produktion rückwärts. Da ständig unterschiedliche Geräte oder Leiterplatten bearbeitet werden müssen, ist eine Flexibilität gefordert, die nur der Mensch durch manuelle Arbeit erfüllt, aber noch nicht von Handhabungsautomaten erreicht wird.

Zuletzt sei vielleicht noch eine wirtschaftliche Schwierigkeit genannt, das ist die Preisfindung für gebrauchte elektronische Bausteine. Hier gibt es leider keine Liste, wie sie für Gebrauchtwagen existiert.

Der Preis muß sich aber im Bereich zwischen dem Neupreis und den Aufarbeitungskosten bewegen. Durch den zum Teil sehr starken Preisverfall müssen die Bausteine außerdem möglichst schnell vermarktet werden, bevor der Neupreis unter die Grenze der Aufarbeitungskosten sinkt.

Zusammenfassung und Ausblick

Die Darstellung der unterschiedlichen Problematiken bei der Wiederverwendung sollte natürlich nicht das ganze System in Frage stellen, sondern es sollte gezeigt werden, daß auch ein ökologisch so hochwertiger Recyclingansatz seine Grenzen hat.

Da das Gebiet der Wiederverwendung zur Zeit noch wenig beachtet wird, kann zusammenfassend gesagt werden, daß gerade im schnellebigen Elektroniksektor in der Verlängerung der Nutzungsdauer durch Wiederverwendung ein hohes Potential nicht nur zur Abfallvermeidung steckt.

Für den Menschen und die Umwelt sind die ökologischen Vorteile der Wiederverwendung unbestreitbar:

- weitgehender Erhalt einmal erreichter Wertschöpfungen,
- Reduzierung der Abfallmengen,
- Schonung von Rohstoff- und Energieressourcen.

Daß Wiederverwendung auch ein wirtschaftlicher Faktor ist und werden kann, wird die Zukunft zeigen, wenn für die Produkte auch die Recycling-, Aufarbeitungs- und Deponierungskosten berücksichtigt werden müssen. Für Firmen können sich durch das Produkt- und Komponentenrecycling auch strategische Wettbewerbsvorteile ergeben.

- Kostendämpfung des Recyclings,
- Verbesserung des Öko-Images durch Recycling und Umweltschonung auf einem hohen Niveau,
- Möglichkeit, neue Marktsegmente zu erschließen.

Gesamtwirtschaftlich ergeben sich durch die Wiederverwendung aber auch noch weitere Zukunftschancen. Es können neue Betriebe gegründet und damit neue Arbeitsplätze geschaffen werden, die sich auf diesen Marktsektor spezialisiert ausrichten.

Elektronikschrott in artgerechter Haltung – Problemlösungen in der Praxis

Dirk Schöpf

Die ELPRO GmbH in Braunschweig verfügt über einen qualifizierten Zerleebetrieb für Altgeräte, vorwiegend aus dem Bereich EDV, Büroelektronik sowie der Meß-, Steuer- und Regeltechnik (MSR-Technik).

Beschaffenheit des Einsatzmaterials:

- 50 % EDV-Geräte,
- 30 % MSR-Technik,
- 20 % Sonstige Geräte.

Wenn im folgenden über Problemlösungen gesprochen wird, so ist damit gemeint, was unter den derzeitigen wirtschaftlichen Bedingungen, also in der Praxis, realisierbar ist. Es wird aufgezeigt werden, daß wir bei vielen Problemen von einer Lösung noch weit entfernt sind.

Kundenstruktur

Die Kunden der ELPRO GmbH sind vorwiegend Unternehmen aus den Bereichen Produktion und Dienstleistung sowie Behörden und Forschungseinrichtungen. Warum keine Kommunen und Händler?

- Behörden und Kommunen sehen zu wenig Handlungsbedarf, die Deponierung zu unterbinden,
- Finanzierungsproblem,
- Rechtsunsicherheit (ESVO).

Kommunen und Elektronikhändler sehen z. Z. noch zu wenig Handlungsbedarf, E-Schrott separat zu erfassen und der Verwertung zuzuführen. Die konventionelle Entsorgung als Sperrmüll wird immer noch vielfach praktiziert, vor allem im Flächenland Niedersachsen, das Haus- und Sperrmüll überwiegend auf Deponien verbringt.

Da die Kosten für die Verwertung deutlich über dem durchschnittlichen Deponiepreis liegen, ergibt sich zwangsläufig ein Finanzierungsproblem.

Erfassungslogistik und ordnungspolitische Rahmenbedingungen

Die sog. Elektronikschrottverordnung (ESVO) wird seit nunmehr fast drei Jahren diskutiert. Sie soll einen rechtlichen und organisatorischen Rahmen für die Vermeidung und Verwertung von E-Schrott bilden.

Bei der Diskussion um die ESVO zeichnet sich ab, daß für die unterschiedlichen Gerätearten entsprechend ihrer Größe, Verbreitung und Zusammensetzung verschiedene Erfassungssysteme sinnvoll sind. Tabelle 1 zeigt einen Soll-Ist-Vergleich zur Erfassungslogistik.

Tabelle 1. Zuführlogistik

	ist	soll
Geräteart		
Mülltonnengängige Geräte	selten: Kunde erfaßt, Kunde liefert oder Entsorger holt ab	Einsammlung durch breites Holsystem
große Konsumgeräte	Kunde erfaßt, Kunde liefert oder Entsorger holt ab	Handel erfaßt, Entsorger holt ab oder Entsorger erfaßt und holt ab
Investitionsgüter	Hersteller erfaßt und Entsorger holt ab oder Entsorger erfaßt und holt ab	Hersteller erfaßt Entsorger holt ab

Mülltonnengängige Kleingeräte beispielsweise werden nur in einem verbraucherfreundlichen Holsystem zu sammeln sein, während große Konsumgeräte entweder von den Auslieferern der Neugeräte oder der kommunalen Sperrmüllabfuhr abgeholt werden. Letzteres wird bereits vielfach praktiziert.

Elektronikschrott – was ist das eigentlich?

Elektronikschrott besteht zum überwiegenden Teil aus Metallen, die maschinell wie auch von Hand ohne Schwierigkeiten voneinander getrennt und auf hohem Qualitätsniveau in den Rohstoffkreislauf zurückgeführt werden können. (Tabelle 2, Töpfer Planung und Beratung, Aschaffenburg)

Tabelle 2. Produktstruktur nach Fraktionen (Westdeutschland 1992). (Töpfer Planung und Beratung, Aschaffenburg)

Fraktionen	Konsumer-produkte	Büro-, Informations-, Kommunikationsmittel	Gewerbliche und Medizin-Produkte	TOTAL (gewichteter Durchschn.)
Eisenmetalle	43,3 %	38,6 %	66,0 %	48,0 %
Aluminium	3,1 %	5,6 %	7,1 %	4,7 %
Kupfer	4,8 %	4,3 %	14,2 %	7,1 %
Schwermetalle	< 0,1 %	< 0,1 %	0,1 %	<0,1 %
Andere NE-Metalle	1,1 %	0,5 %	1,2 %	1,0 %
Kunststoffe	22,7 %	33,5 %	5,5 %	20,6 %
Gummi	1,0 %	1,8 %	0,1 %	1,0 %
Keramik	1,6 %	< 0,1 %	0,5 %	1,0 %
Glas	9,0 %	2,7 %	0,2 %	5,4 %
Stein/Zemente	1,3 %	- %	1,1 %	1,0 %
Papier/Pappe	0,1 %	< 0,1 %	< 0,1 %	< 0,1 %
Isolierstoffe	0,9 %	0,3 %	0,3 %	0,6 %
Sonstige	7,8 %	7,7 %	1,5 %	6,2 %
Hilfs-, Betriebsstoffe	0,5 %	< 0,1 %	0,1 %	0,3 %
Elektron. Komponenten und Bauteile	2,8 %	4,9 %	2,1 %	3,1 %
TOTAL	100,0 %	100,0 %	100,0 %	100,0 %

Problemfraktionen sind dagegen die *Leiterplatten* (ca. 3 %), die *Gläser* (im wesentlichen Bildröhren, ca. 5 %) und die *Kunststoffe* (ca. 20 %), da hier die Verwertungsmöglichkeiten gering oder nicht gegeben sind. Auf Einzelheiten wird später eingegangen werden.

Es sind auch hochgiftige Stoffe in einigen Bauteilen enthalten, wie z. B. PCB, Diethylamin, Quecksilber, Blei und Cadmium. Solche Bauteile können bei den heute zu verschrottenden Geräten nur manuell entfernt werden. Bei maschineller Verarbeitung der Komplettgeräte würden die Schadstoffe alle Produkte und auch die Prozeßabluft kontaminieren.

Die sichere Erkennung und Zuordnung der schadstoffhaltigen Bauteile ist eine Aufgabe, die nach den Erfahrungen in der ELPRO GmbH von angelerntem Personal nicht ausreichend zu erfüllen ist. Mitarbeiter mit abgeschlossener Berufsausbildung im Metall- oder Elektrobereich sind dagegen gut geeignet (Tabelle 3).

Tabelle 3. Verarbeitung

	ist	soll
Zerlegung	manuell, hoher Zeitaufwand für Entbindungen	halbautomatisch wenige, schnell lösbare Verbindungen
Schadstoffentfrachtung	manuell, chaotisch	per Hand, datenunterstützt
Rohstoffgewinnung	teils manuell, teils maschinell	maschinell oder manuell in Billiglohnländern

Die Schadstoffe sind auf etwa 1 % der Gesamtmasse konzentriert, so daß hier die Entsorgung kein großes Problem darstellt.

Problemfraktionen

1. Leiterplatten

Leiterplatten bestehen aus einer Vielzahl von Metallen sowie organischen und anorganischen Verbindungen – man findet etwa die Hälfte der Elemente des Periodensystems in diesem Material. Die bislang eingesetzten Verfahren zur Verwertung sind die Verbrennung und die mechanische Aufbereitung. Beide dienen der Metallrückgewinnung. Die Pyrolyse hat wegen der unkontrollierbaren Umweltauswirkungen noch keine wirtschaftliche Bedeutung erlangt.

Die beiden verwendeten Verfahren haben große Nachteile:

- **Verbrennung:**
  - immense Schadstoffbelastung der Luft(z. B. holgenierte Dioxine und Furane),
  - aber: geringe Abfallmenge und sehr hohe Edelmetallausbeute.
- **Mechanische Aufbereitung:**
  - hoher Energieaufwand,
  - geringe Edelmetallausbeuten,
  - große Abfallmenge,
  - aber: relativ sichere Prozeßführung.

Es ist dringend geboten, die Leiterplatten einer Vorbehandlung zu unterziehen, die ihrer komplexen Struktur gerecht wird. Bei dem neuen Verfahren der ELPRO

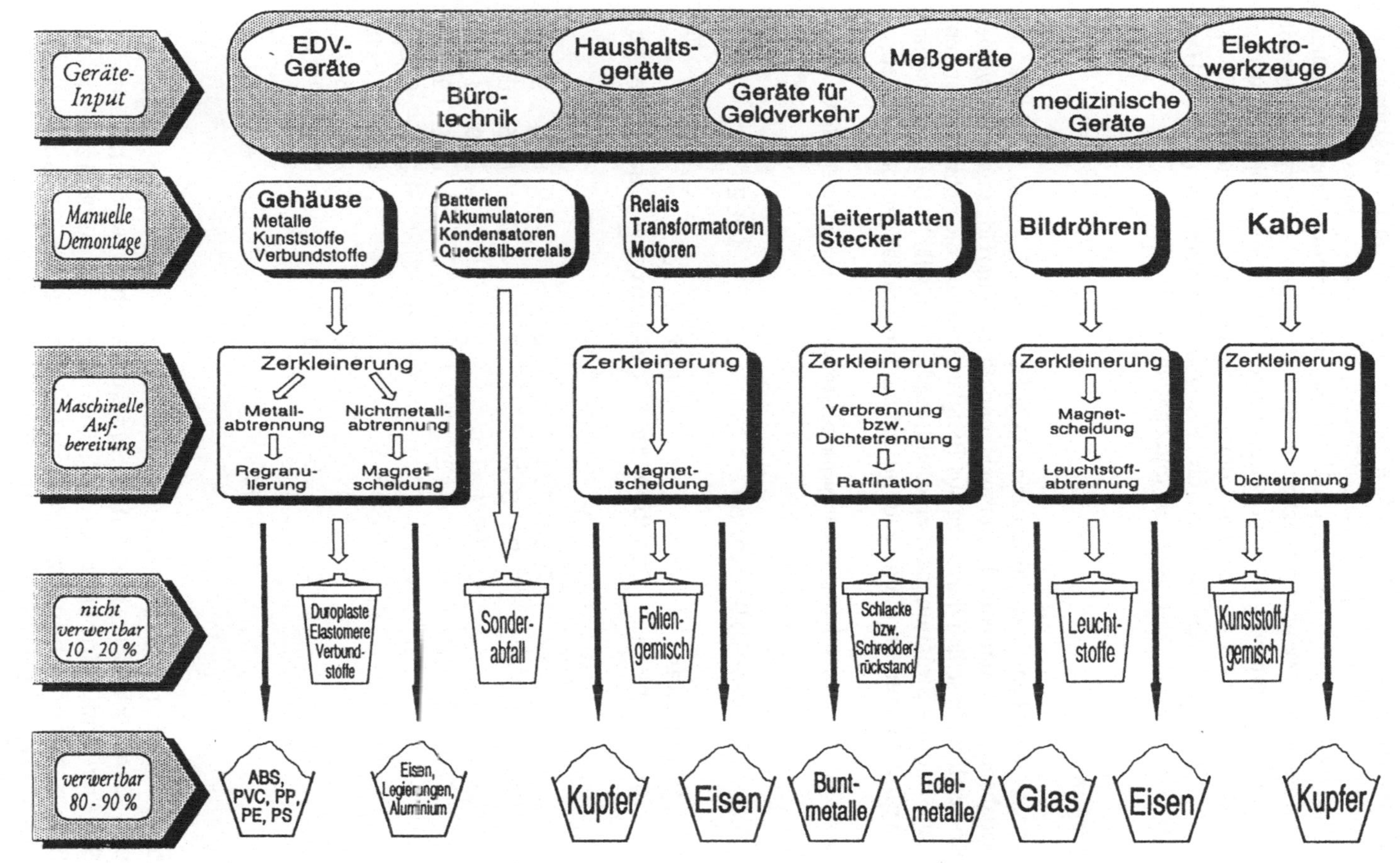

Abb. 1. Fließbild der Elektronikschrottverwertung

GmbH werden die elektronischen Bauteile von dem Basismaterial getrennt. Das ermöglicht die Sortierung dieser Bauteile hinsichtlich ihres Wert- uind Schadstoffgehaltes. Die Fraktionen und die metallkaschierte Leiterplatte können dann den am besten geeigneten Wegen zur Verwertung bzw. Entsorgung zugeleitet werden. Die Sortierung der Bauteile wird in einem Forschungsprojekt entwickelt, das in Zusammenarbeit mit der Fa. Computer Service Streiff GmbH & Co. KG (Braunschweig) und dem Institut für Fertigungsautomatisierung und Handhabungstechnik der TU Braunschweig durchgeführt wird.

2. Bildröhren

Bildröhren bestehen aus technischen Gläsern, denen zum Zwecke der Strahlenabsorption Bleioxid, Bariumoxid und Strontiumoxid zugesetzt werden. Die Konusgläser bestehen durchweg aus Bleiglas, während die Schirmgläser heute meist aus Barium-/Strontiumglas hergestellt werden. (Tabelle 4) Die Leuchtschicht ist hochgiftig. Sie muß sorgfältig entfernt und als Sonderabfall entsorgt werden.

Tabelle 4. Bandbreite der Schirmglaszusammensetzungen auf dem europäischen Markt. (Schott, Mainz)

	vor 10 Jahren		1992	
	Mittelwert gewichtet*	Bandbreite	Mittelwert gewichtet*	Bandbreite
Na2O	8.6	7.3- 9.3	8.4	6.6- 9.4
K2O	7.1	6.8- 8.2	7.0	6.6- 8.4
MgO	1.3	0.2- 1.7	0.6	0.0- 1.2
CaO	2.5	0.9- 4.3	1.2	0.1- 3.2
SrO	1.5	0.2- 10.1	5.6	2.2- 8.8
BaO	12.0	2.2- 12.9	9.8	8.3- 13.0
Al2O3	3.2	2.0- 3.3	2.8	2.0- 3.4
ZrO2	0.2	0.0- 1.8	1.0	0.0- 2.3
PbO	0.1	0.0- 2.8	-	-
SiO2	62	60- 64	60	60- 63

* über Marktanteile gewichtet; die Wichtung kann sich bei Berücksichtigung der Typengewichte verschieben. Geräte und Röhrenimporte sind nicht berücksichtigt. Sie machen einen Mengenanteil von etwa 36% aus.

Aufgrund der schwankenden Zusammensetzung der Gläser ist deren Einsatz für hochwertige Anwendungen kaum mehr möglich. Aus dem Konusglas wird in Buntmetallhütten z. T. Blei durch Reduktion zurückgewonnen und die Schlacke dann als Baumaterial verwendet, während das Schirmglas als Zuschlagsstoff für Keramikprodukte eingesetzt wird. Es gibt jedoch etliche weitere Anwendungen in den Bereichen Bergbau, Metallverhüttung und Baustoffe.

3. Kunststoffe

Das größte Problem in der Verwertung von Altgeräten stellen die Kunststoffe dar (Abb. 2). Elektronikschrott enthält eine Vielzahl unterschiedlicher Grundwerkstoffe, die ihrerseits wiederum vielfach modifiziert sind durch Zusätze wie z. B. Füllstoffe, Flammschutzmittel, Stabilisatoren usw. In der Regel sind die Kunststoffe nicht gekennzeichnet und ohne Hilfsmittel nicht zuverlässig zu unterscheiden. Ein stoffliches Recycling ist jedoch nur mit sortenreinen und schadstofffreien Kunststoffen ökonomisch und ökologisch sinnvoll. Kunststoffe, die polybromierte Diphenylether und Cadmiumverbindungen enthalten, werden durch einschlägige Verbotsverordnungen ohnehin bald keinen Markt mehr haben. Sie sind in jedem Fall final zu entsorgen.

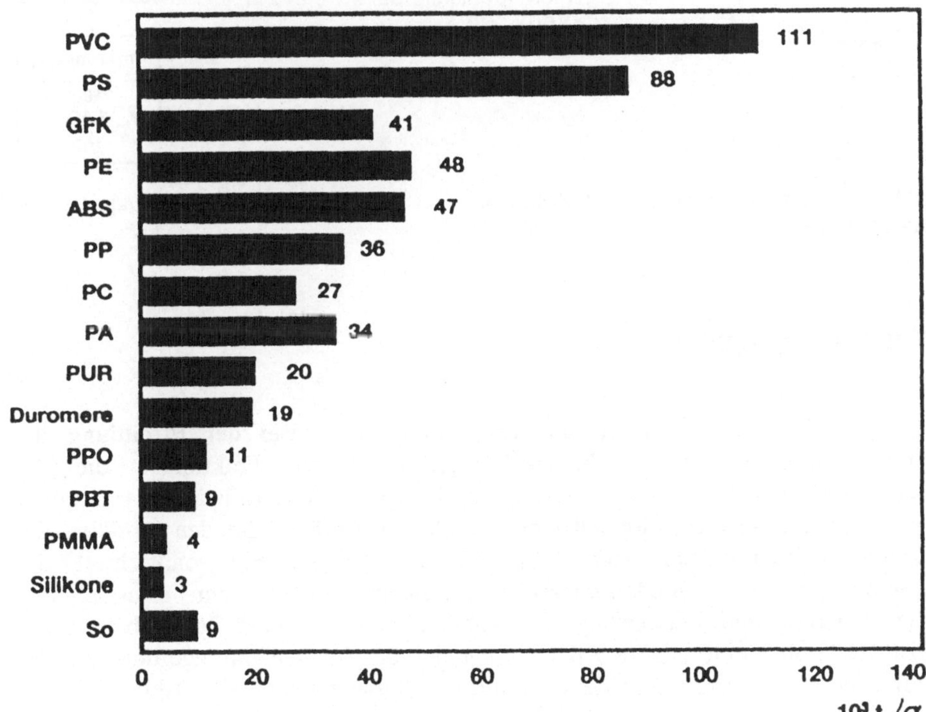

Abb. 2. Kunststoffverarbeitung in der Elektrotechnik. (EWvK, Frankfurt/Main)

Die chemische Industrie schätzt, daß von den 1995 voraussichtlich zurüklaufenden 300 000 t Kunststoffen aus Elektronikschrott etwa 70 000 t stofflich verwertbar sind (Abb. 3). Der Rest wird entweder nicht erfaßt, ist nicht sortierfähig oder ist nachweislich schadstoffhaltig. Die Sortierung von nicht gekennzeichneten Teilen wird nur mit aufwendigen Verfahren möglich sein, wie sie z. B. von der Entwicklungsgesellschaft zur Wiederverwertung von Kunststoffen erprobt werden.

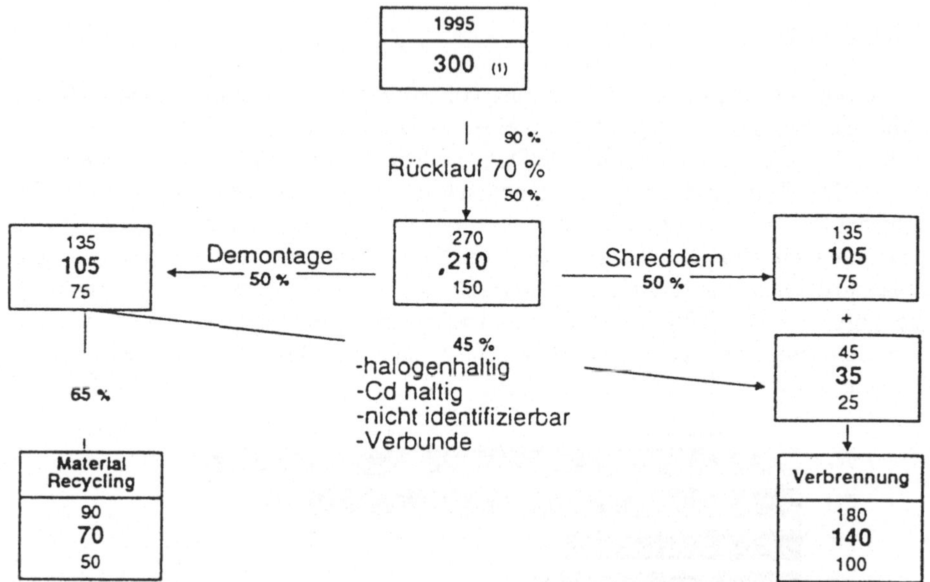

Abb. 3. Kunststoffe ausgedienter E/E-Konsum- und Investitionsgüter (in 1000 t/a). (EWvK, Frankfurt/Main)

Verwertungsquote

Zm Schluß noch ein Wort zur Verwertungsquote: Bei der Ermittlung der Verwertungsquote ist zu berücksichtigen, daß die Fraktionen, die ein Zerlegebetrieb zur Weiterverarbeitung abgibt, meist nicht vollständig verwertbar sind. Bei der Verarbeitung entstehen wiederum Abfälle, die den Abfällen der Zerlegung zuzurechnen sind. Für den Arbeitskreis Elektronikschrott der Kommission der niedersächsischen Landesregierung zur Vermeidung, Verminderung und Verwertung von Abfällen wurde in dem Zerlegebetrieb der ELPRO GmbH eine exakte Bilanzierung der Stoffströme durchgeführt, die die stoffliche Zusammensetzung der demontierten Geräteteile aufzeigt (Abb. 4).

Vormaterial :

EDV	50%
MSR-Technik	30%
Sonstiges *)	20%

*) Braune Ware 5%, Weiße Ware 5%, Bürotechnik 5%, Sonstige 5%

Stoffliche Zusammensetzung:

Grobfraktionen	Trafos Motore	Kabel	Metall-/Kunststoff-verbund	Stecker Bestückte Leiterpl	Bildröhre	Verpackg. Gehäuse Mechanik	Sonder-stoffe	Verwertung ja	offen	nein	Bemerkung
Gew %	11.8	8,4	7,8	3,8	2,1	65,2	0,9				
Einzelfraktion											
verwendbare Teile	0,1	0,1	0,1	0,1	0,1	0,1	-	0,6	-	-	Aufteilung geschätzt
Eisen	8,8	-	3,1	0,6	0,1	41,0	-	53,6	-	-	
Buntmetalle	2,3	3,3	2,3	0,6	-	3,8	-	12,3	-	-	
Leichtmetalle	-	-	0,8	-	-	7,4	-	8,2	-	-	
Keramik, Glas	-	-	-	-	1,9	0,5	-	2,4	-	-	
verwertbare Kunststoffe	-	0,5	-	-	-	0,3	-	0,8	-	-	
Holz	-	-	-	-	-	0,3	-	0,3	-	-	
Pappe, Papier	-	-	-	-	-	0,6	-	0,5	-	0,1	
Verbund-/Misch-Kunststoffe	0,6	4,5	1,5	2,5		11,2	-	-	10,1	10,2	
Kondensatoren	-	-	-	-	-	-	0,8	-	-	0,8	
quecksilberhaltige Teile							Sp.				
Ni /Cd- Akkus							Sp.				
Öle							Sp.				
Asbest							0,1	-	-	0,1	
								78,7	21,3		

Abb. 4. Stoffliche Zusammensetzung der demontierten Geräteteile (%)

Daraus geht hervor, wie einzelne Stoffe in den Funktionseinheiten verteilt sind, wie groß der verwertbare Anteil bei den Funktionseinheiten ist und wie hoch die Verwertungsquote insgesamt ist. Die ELPRO GmbH weist eine Verwertungsquote von fast 80 % auf, 1 % sind Sonderabfälle, und ca. 20 % werden derzeit als Verbund- bzw. Mischkunststoffe entsorgt. Hier liegt das einzige Potential, die Verwertungsquote zu steigern.

Zusammenfassung

Die ELPRO GmbH verwertet Altgeräte vorwiegend aus den Bereichen EDV, Büroelektronik und MSR-Technik, zunehmend jedoch auch weiße und braune Ware.

Ihre Kunden sind Behörden, produzierende Unternehmen und Dienstleistungsunternehmen. Aufgrund der Verzögerung der Elektronikschrottverordnung wird immer noch der Hauptanteil des Elektronikschrotts konventionell entsorgt, da die Verwertung teurer ist als die Verbrennung oder die Deponierung – Verbuddeln ist billiger.

Schadstoffe wie z. B. quecksilberhaltige oder PCB-haltige Bauteile müssen manuell entfernt werden, bevor das Material einer maschinellen Verarbeitung oder einer Weiterzerlegung in Billiglohnländern zugeführt werden kann.

Automatisierte Verfahren zur Zerlegung befinden sich vielerorts in Entwicklung, auch bei der ELPRO GmbH. In Zusammenarbeit mit dem Computer Service Streiff und dem Institut für Fertigungsautomatisierung und Handhabungstechnik der TU Braunschweig entwickelt sie ein Verfahren zur Entstückung von Leiterplatten.

Problemfraktion Nr. 1 im Elektronikschrott sind die Kunststoffe. Sie enthalten mitunter Schadstoffe, die nicht in Produkte verschleppt werden dürfen, in denen niemand mit ihnen rechnet. Diese müssen in jedem Fall final entsorgt werden. Die Sortierung indes ist nur mit hohem Aufwand möglich, der z. Z. nicht finanzierbar ist.

Entwurf der Elektronikschrott-Verordnung – Aktueller Status – Maßnahmen anderer Industrieländer – Reaktionen der betroffenen Industrieverbände

Joachim Crone

1 Einleitung

Politische Grundstimmungen, die den Umgang mit Abfällen aller Art beeinflussen, sind:

1. Wachsendes Umweltbewußtsein,
   - in Europa – besonders in Deutschland, in den Niederlanden und in Skandinavien,
   - zunehmend in Japan und in den USA (Vizepräsident Gore: "Managing Planet Earth"),
2. Unbehagen in der Bevölkerung über
   - drastisch abnehmende Deponiekapazitäten,
   - Berichte über Deponieunfälle und illegalen Mülltourismus,
3. zunehmender Widerstand gegen Müllverbrennungsanlagen,
4. Einsicht in die beschränkte Verfügbarkeit von Rohstoffen (s. insbesondere Berichte des Club of Rome).

In der Bundesrepublik reagieren Parlament und Regierung mit vielen Gesetzes- bzw. Verordnungsentwürfen:

- Novelle zum Bundesabfallgesetz (Entwurf eines Kreislaufwirtschaftsgesetzes),
- Verpackungsverordnung (in Kraft),
- Elektronikschrott-Verordnung (2. Entwurf),
- Altauto-Verordnung (Entwurf),
- Batterie-Verordnung (Entwurf).

Es mag reizvoll erscheinen, den gesamten Komplex der Abfallgesetzgebung zu kommentieren; das Thema dieses Beitrags ist aber ausschließlich der Entwurf einer Elektronikschrott-Verordnung.

Was ist hier die Situation?
Das Aufkommen an Elektrogeräteschrott in der BRD beträgt nach Erhebung des ZVEI ca. 1,5 Mio. t pro Jahr. Das ist weniger als 5 % des Gesamtaufkommens an Siedlungsabfall, das 36 Mio. t pro Jahr beträgt (alle Zahlen bezogen auf die alten Bundesländer).

Das Problem der Verwertung elektrischer und elektronischer Geräte nach Ende ihrer Nutzung ist nicht erst seit zwei Jahren erkannt. Schon lange werden an den Hochschulen und mit den Herstellerverbänden Untersuchungen zur demontagegünstigen Gestaltung von Elektrogeräten durchgeführt und Überlegungen zur Verwertung von gebrauchten Elektrogeräten angestellt. Die erste VDI-Richtlinie zur recyclingfreundlichen Gestaltung von Geräten (VDI 2243) beispielsweise datiert aus dem Jahr 1984[1] .

Auch jetzt unterliegen elektrische und elektronische Produkte am Ende ihres Lebenszyklus gesetzlichen Auflagen (z. B. aus dem geltenden Bundesabfallgesetz, der Produkthaftung etc.).

2 Inhalte des Entwurfs vom 15. 10. 92

Basis für alle Überlegungen der betroffenen Industrien, der Verwerter und Entsorger ist der *2. Entwurf* (Arbeitspapier) für eine *"Verordnung über die Vermeidung, Verringerung und Verwertung von Abfällen gebrauchter elektrischer und elektronischer Geräte (Elektronikschrott-Verordnung)"* vom 15. Oktober 1992.

Grundprinzip des Verordnungsentwurfs ist :

Hersteller bzw. Importeure elektrischer und elektronischer Geräte werden für die Rücknahme, die gänzliche oder teilweise Wiederverwendung, bzw. die sachgemäße Abfallentsorgung verantwortlich gemacht.

Wichtige Bestimmungen:

- Die Rücknahme- und Verwertungspflicht für *Vertreiber* und *Hersteller* erfaßt alle Elektrogeräte.
- Der Vertreiber hat vom Letztbesitzer, der Hersteller vom Vertreiber zurückzunehmen.
- Für *Altgeräte* (vor dem 1.1.94 in Verkehr gebracht) und für *Direktkäufe* aus dem Ausland darf bei Rücknahme *Entgelt vom Letztbesitzer* verlangt werden.

---

[1] Die völlig überarbeitete Richtlinie vom Oktober 1993, ist zwar relativ allgemein gehalten, als Aus-gangspunkt für produktbezogene Gestaltungsleitlinien kann sie aber gute Dienste leisten. Die VDI 2243 ist über den Belz-Verlag, Berlin zu beziehen.

- *Kostenlose Rücknahme* kann auf *Neugeräte* der eigenen Marke beschränkt werden (unbeschadet allgemeiner Rücknahmepflicht gegen Entgelt).
- Die Rücknahmepflicht ist beschränkt auf üblicherweise beschaffte Zahl von Geräten.
- *Geräteteile* (z. B. Gehäuse, Motoren, Bildschirme) sind in die Verordnung *einbezogen*: Teilehersteller müssen ihre Teile zurücknehmen!
- *Materialien* (z. B. Kunststoffe etc.) sind *nicht* einbezogen.
- Der Hersteller oder Importeur ist für die Verwertung verantwortlich.
- Der Rücknahme- bzw. Verwertungspflichtige kann sich Dritter bzw. eines kollektiven Systems bedienen.
- Der Hersteller haftet dafür, daß – auch bei Übertragung der gesetzlichen Pflichten auf einen Dritten – während und nach der Verwertung und Entsorgung von seinen Produkten keine Gefahr für Mensch und Umwelt ausgeht.
- Über den Verbleib zurückgenommener Produkte, deren abgeschlossene Verwertung und Entsorgung ist gegenüber einer Behörde Nachweis zu führen

Der Entwurf führt *14 verschiedene Gerätearten* auf, für die unterschiedliche Rücknahmetermine vorgesehen waren, die natürlich inzwischen obsolet sind:

- Großgeräte (ursprünglicher Termin 1.1.1994):

1. Geräte der individuellen Büro-, Informations- und Kommunikationstechnik,
2. Fernsehgeräte mit Bildschirmdiagonale > 30cm,
3. Haushaltsgroßgeräte,
4. Entladungslampen;

- Kleingeräte (ursprünglicher Termin 1.1.199x, auf jeden Fall später):

5. übrige Geräte der Unterhaltungselektronik,
6. kleine Haushaltsgeräte (auch Mikrowellen, Elektrowerkzeuge),
7. Kleingeräte der Büro- und Kommunikationstechnik (Tisch- und Taschenrechner etc.),
8. Uhren;

- (*Freie Vertragsgestaltung* für Rücknahme, Verwertung und Entsorgung im gewerblichen, industriellen und öffentlichen Bereich – Investitionsgüter – für):

9. Geräte der Labor- und Medizintechnik,
10. Geräte für Geldverkehr,
11. Geräte der Meß-, Steuer- und Regelungstechnik,
12. Geräte der Bild- und Tonaufzeichnung und Wiedergabe,
13. Großgeräte der Büro- und Kommunikationstechnik,
14. Hausgeräte (unklar, evtl. Rücknahmepflicht wie 3.).

Bemerkung: *Für diese Investitionsgüter würde ohne vertragliche Regelung nach Interpretation des ZVEI ab Inkrafttreten des 2. Entwurfs der ESVO die Rücknahme-pflicht für Vertreiber und Hersteller gelten.*

3 Aktueller Diskussionsstand

1. Nach Gespräch des ZVEI mit Staatssekretär Stroetmann im Juli 93:
   - Gebietskörperschaften sollen für kleinere Geräte in der Entsorgungsverantwortung bleiben. Gespräche dazu zwischen BMU und den kommunalen Spitzenverbänden waren für Oktober 1993 vorgesehen.
   - Kostenlose Rücknahme kann gestrichen werden. Das würde bedeuten: Die Rücknahme/Verwertung finanziert prinzipiell der Letztbesitzer.
2. Nach Schreiben des BMU an ZVEI (September 93):
   - Nur Sammeln von Kleingeräten soll über die Gebietskörperschaften erfolgen, die diese dann an Hersteller/Importeure oder beauftragte Dritte weitergeben.
   - Beibehalten des Prinzips der kostenlosen Rücknahme für "Neugeräte" (Geräte, die nach Inkrafttreten der Verordnung verkauft werden).
3. Zeitplan:
   - Zuerst Verabschiedung des Kreislaufwirtschaftsgesetzes,
   - Kabinettsvorlage (? 1994),
   - Inkrafttreten der ESVO nach Verkündigung
     Rücknahmepflicht für Neugeräte sofort wirksam,
     für Altgeräte später (in 1997/8).

Unabhängig von den Aktionen in Bonn im Hinblick auf das Wahljahr 1994 werden die Erwartungshaltung der Öffentlichkeit, Maßnahmen des jeweiligen Wettbewerbs, aber auch die Entwicklung in unseren europäischen Nachbarländern zu Rück-nahmeangeboten im Markt führen.

4 Maßnahmen anderer Industrieländer

4.1 Europa

In *Frankreich* wurde 1992 der "Desgeorges-Report" im Auftrag der Regierung vorgelegt. Wichtige Feststellungen:

- Elektroschrott ist wertvoll (Sekundärrohstoff) und nur geringfügig belastet.
- Kunststoffe sind auf Grund ihres Energieinhaltes auch wertvoll.
- Aufgabe der *Hersteller* ist die *Entwicklung leicht rezyklierbarer Geräte* und deren Produktion unter Schonung der Ressourcen.
- *Sammeln und Verwerten* soll von der (lokalen) *Abfallwirtschaft* durchgeführt werden.
- Eine europäische Regelung wird aus Wettbewerbsgründen als dringend notwendig erachtet.

In den *Niederlanden*, *Dänemark* und in *Schweden* findet man Gesetzgebungsinitiativen, die sich an den Entwurf des deutschen Kreislaufwirtschaftsgesetzes bzw. die ESVO (Stand 15.10.92) anlehnen, und die teilweise bereits verabschiedet sind.

In *Österreich* wurde ein Verordnungsentwurf vorgelegt, dessen Basis ein fast wörtliches Zitat des zweiten Entwurfs der deutschen ESVO ist.

In der *Schweiz* wird ein Vorschlag für eine *Elektroschrottgenossenschaft* aus Industrie, Handel und Entsorgern für ausgewählte Gerätegruppen diskutiert.

4.2 USA und Japan

In den *USA* hat das "Office for Technology Assessment" (OTA) des Kongresses einen Studie zum Umgang mit Elektroschrott vorgelegt, in der die *Verleihung eines Umweltzeichens* bei Bereitschaft zur Rücknahme von gebrauchten Elektrogeräten favorisiert wird. Außerdem wurde von einer Kommission aus EPA (Umweltbehörde) und Industrie ein Vorschlag für ein Regelwerk für recyclingfreundliches Design erarbeitet.

Ein Umweltzeichen, wie bei uns der "Blaue Engel", wird einen starken Druck auf die Hersteller, Importeure und auf den Handel zur freiwilligen Rücknahme gebrauchter elektrischer und elektronischer Geräte erzeugen.

In *Japan* ist bereits seit Anfang 1992 eine Verordnung zur Rücknahme von Elektrogroßgeräten (inklusive Kühlgeräte) in Kraft.

5 Initiativen der Gerätehersteller

Die Hersteller von Elektrogeräten in Deutschland sind sich ihrer Verantwortung für ihre Produkte bewußt, auch und gerade im Hinblick auf unsere Umwelt. Der Aspekt einer sinnvollen Verwertung der Geräte am Ende ihres jeweiligen Lebenszyklus fällt darunter.

Diese Verantwortung für Altgeräte ist eine gemeinsame von Anwender, Hersteller, Handel und Gesellschaft, die alle zuvor von den Elektrogeräten profitiert haben. Sie darf daher nicht einseitig der Industrie aufgelastet werden. (In der politischen Auseinandersetzung wird in diesem Zusammenhang häufig mit der primitiven Formel "Hersteller ist gleich Verursacher" argumentiert, die ebenso zutreffend ist wie die Formel "Letztbesitzer ist gleich Verursacher").

5.1 Verband der Maschinen- und Anlagenbauer (VDMA)

Eine *externe Studie* zum Komplex Elektroschrott (Mengen, Struktur des Entsorgermarktes, Lösungsvorschläge) liegt den Mitgliedsfirmen vor. Sie kann auch bei der Firma "Töpfer – Planung und Beratung" erworben werden.

Eine Gruppe von Kopiergeräteherstellern und -importeuren hat zusammen mit einer Gruppe von Entsorgern eine Initiative für Lösungen in ihrem Marktsegment ("Cycel") gestartet[2].

Gemeinsam mit dem ZVEI wurden Kriterien für die Zertifizierung von Entsorgungs- und Verwertungsunternehmen erarbeitet.

5.2 Zentralverband der elektrotechnischen und Elektronikindustrie (ZVEI)

In einem Memorandum präsentiert der ZVEI ein *Lösungskonzept*, das Entsorgungsprobleme lösen hilft und die Besonderheiten elektrotechnischer Produkte berücksichtigt:

- Hersteller und Entsorgungswirtschaft brauchen Planungs- und Genehmigungssicherheit.
- Der Gesetzgeber hat die Rahmenbedingungen dieser gesamtgesellschaftlichen Aufgabe zu schaffen.
- Rückgabe und Verwertung werden auf europäischer Ebene geregelt.
- Originäre Aufgabe der Hersteller ist insbesondere die umweltgerechte Fertigung und die umweltverträgliche Produktgestaltung mit:
  - Reduzierung der Materialvielfalt,
  - Vermeidung von Problemstoffen,
  - Kennzeichnung von Chemiewerkstoffen und von schadstoffhaltigen Teilen,
  - Erleichterung erforderlicher Demontage,
  - Einsatz von *gesichert verfügbaren* Sekundärrohstoffen (falls technisch und wirtschaftlich sinnvoll).
- Bei Rücknahme und Sammlung Beibehalten des Neben- und Miteinanders bewährter Lösungsmöglichkeiten von Kommunen, Sammelunternehmen, Handel, Verwertern, Herstellern und Importeuren.
- Verwertung durch qualifizierte Fachfirmen, da Verwertungstechnologie prinzipiell anders als Produktionstechnologie ist. Beitrag der Gerätehersteller:
  - Bereitstellen produktspezifischen Know-hows,

---

[2] Im Bereich der Kopiergeräte sind Rücknahmelösungen interessant, weil viele Kopiergeräte den "Blauen Engel" tragen und die seit Anfang diesen Jahres geltenden Auflagen für die Gewährung des Umweltzeichens die Rücknahme eines beliebigen Altgerätes bei Verkauf eines neuen Kopierers verlangen.

- Bereitstellen von Basisdaten als Planungsgrundlage,
- Erarbeiten von Qualitätsstandards zur Zertifizierung von Verwertungsunternehmen.
  Wichtig sind auch die Einbeziehung der Vormaterialhersteller in den Materialkreislauf und die Vermeidung von Zwischenlagerung.

• Reststoffe werden weiter von denen entsorgt, die dazu in der Lage sind:
  - thermische Behandlung der Reststoffe zum Schadstoffabbau und zur Volumenreduzierung,
  - Deponieren durch kommunale Gebietskörperschaften und Deponiebetreiber,

• *Finanzierung* in jedem Fall *durch den Letztbesitzer*, der bei Rückgabe des Altgeräts die Verwertungs- und Entsorgungskosten bezahlt. (Bei einer mittleren Lebensdauer der Elektrogeräte von mehreren Jahren ist eine seriöse Vorhersage der Verwer tungskosten zum Zeitpunkt des Geräteverkaufs nicht möglich.).

Von einer internen ZVEI-Task-Force wurde ein Leitfaden zur Entwicklung von Konzepten zur Entsorgung von gebrauchten Elektrogeräten erarbeitet (Oktober 1992).

Dieser Leitfaden wird von den betroffenen Fachverbänden des ZVEI (wie z. B. Haushaltgeräte, Unterhaltungselektronik, Elektrowerkzeuge, Informationstechnik, Medizintechnik) intensiv zur Erarbeitung spezifischer Branchenkonzepte genutzt: Beispielsweise wurde ein spezieller Leitfaden für die Geräte der *Unterhaltungselektronik* bereits publiziert.

Im Investitionsgüterbereich (z. B. im Markt der Photoindustrie oder im Markt der medizinischen Großgeräte) ist die Rücknahme von Geräten weitgehend Praxis. Hier wurde vom FV *Medizintechnik* ein Rahmenkonzept für professionelle Geräte beschlossen.

Entsprechend der obigen Forderung im Memorandum wurden auf Initiative des ZVEI und in Zusammenarbeit mit dem VDMA Zertifizierungskriterien für beauftragte Dritte (Verwerter und Entsorger) erarbeitet.

Wichtige Kriterien sind:

- Leistungsspektrum und Qualifikation,
- Sicherheitsprofil, Genehmigungen, Dokumentation,
- Technologie und Verwertung,
- Bilanzierung der Mengenströme,
- Zertifizierungsmodalitäten.

6 Schlußbemerkungen

Eine Rücknahme und Verwertung gebrauchter Elektrogeräte wird von allen Beteiligten befürwortet. Sowohl im Inland als auch im Ausland werden vergleichbare gesetzliche oder freiwillige Regelungen dafür vorbereitet.

Im Bereich der professionellen Geräte ist die Rücknahme von Altgeräten bei Neu-geräteinstallation schon lange üblich.

Im Konsumermarkt entwickelt sich eine Eigendynamik: Haushaltgroßgeräte werden auch heute schon gegen Entgelt bei Anlieferung eines Neugerätes mitgenommen. Einzelne Firmen (Grundig, Quelle) und bestimmte Verbände (Elektrowerkzeuge) preschen mit – zum Teil versuchsweisen – Rücknahmeangeboten vor.

Selbst wenn sich das Gesetzgebungsverfahren verzögert, wird sich auch im Konsumgüterbereich eine (entgeltliche) Rücknahme über den Handel bzw. die Hersteller am Markt etablieren.

Qualitätssicherung bei der Anwendung von Rezyklaten

Norbert Eisenreich, Adam Geißler

1 Einleitung

Bauteile aus polymeren Werkstoffen werden derzeitig in der Regel aus Neumaterialien hergestellt. Die zugrundeliegenden Qualitätssicherungssysteme wurden im wesentlichen von den anwendungstechnischen Abteilungen der Granulathersteller und der verarbeitenden Industrie entwickelt.

Bei Werkstoffen aus Sekundärrohstoffquellen fehlt es derzeitig an Anwendungen, die ihren Eigenschaften entsprechen. Dies liegt unter anderem an den sehr dürftigen Erfahrungen aus praktischen Anwendungen und zum anderen an den sehr strengen Qualifikationsbedingungen, die Neumaterialien erfüllen müssen, die aber oft nicht benötigt werden.

Zur Untersuchung der Gebrauchstauglichkeit von polymeren Werkstoffen waren sehr aufwendige Forschungsvorhaben notwendig. Zum einen waren es Beständigkeitsuntersuchungen gegen Chemikalien und Witterungseinflüsse, zum anderen Zeitstandversuche im Hinblick auf mechanische Festigkeiten der Werkstoffe. Zu erwähnen ist hierbei, daß beispielsweise die Untersuchungen der Witterungseinflüsse auf den Massenwerkstoff PVC noch nicht abgeschlossen sind. Die Gründe dafür liegen in den sehr vielen Modifikationsmöglichkeiten dieses Werkstoffes.

Weiterhin spielt die Sortenreinheit der wiederverwendeten Polymere eine wesentliche Rolle. Dies kann mit entsprechenden Identifikations- und Sortiertechniken realisiert werden.

Das makroskopische Festigkeitsverhalten von Rezyklaten kann mit Standardmethoden nachgewiesen werden. Bezüglich des Langzeitverhaltens ist zu beobachten, daß Granulate aus Sekundärrohstoffen Werkstoffeigenschaften haben, die stark von den vorliegenden Mikrostrukturen abhängig sind. Ihr makroskopisches Erscheinungsbild wird durch die mikromechanischen Eigenschaften geprägt. Das ICT (Fraunhofer-Institut für Chemische Technologie) beschäftigt sich im Rahmen seiner Arbeiten mit der Identifikation von Polymeren und mikromechanischen Fragestellungen. In diesem Zusammenhang wurden mehrere Analysenmethoden entwickelt und im Rahmen mehrerer Projekte eingesetzt. Diese

Analysenmethoden können zur erweiterten Qualitätssicherung von Rezyklaten herangezogen werden. Mit ihnen können wichtige wissenschaftliche Grundlagen erarbeitet werden, die zu einem schnelleren Einsatz von Rezyklaten führen.

2 Erweiterte Analysenmethoden

Im ICT wurden Analysenmethoden entwickelt, die zur Sicherung von Rezyklateigenschaften herangezogen werden. Diese Analysenmethoden sind:

Identifikation von Kunststoffen,
Messung der Poisson-Zahl im Hinblick auf die Phasengrenzflächen,
Messung interkristalliner Spannungen,
mechanische Oberflächenanalytik,
Einsatz der FEM (Methode der finiten Elemente) in der Mikromechanik.

2.1 Bedeutung des Poisson-Verhältnisses bei Rezyklatanwendungen

Das Poisson-Verhältnis ist zusammen mit den verschiedenen Moduln eine fundamentale Größe zur Materialcharakterisierung. Es verknüpft die Querkontraktion mit der Längsdehnung einer Zugprobe und ermöglicht somit direkte Aussagen über Volumenänderungen des Materials während dessen Verformung.

Insbesondere bei Polymeren, bei denen es sich im allgemeinen um heterogene viskoelastische Materialien handelt, kommt dem dehnungs- und zeitabhängigen Poisson-Verhältnis eine besondere Bedeutung zu.

Die Poisson-Zahl läßt bereits bei homogenen Rezyklaten Aussagen über die folgenden, sehr wichtigen Verformungsmechanismen zu:

- Vergrößerung des freien Volumens,
- Crazebildung,
- Bildung von Scherbändern,
- Mikrorißbildung.

Im Fall von heterogenen bzw. gefüllten Materialien, wie sie bei Sekundärwerkstoffen sehr oft vorliegen, kommen hinzu:

- Füllstoffgehalt (Abb. 1),
- Ablösungen an den Phasengrenzflächen.

Alle diese Mechanismen sind stark von der Mikrostruktur des Materials und deswegen auch von der Art des Materials (Elastomere, Thermoplaste, Duroplaste) abhängig.

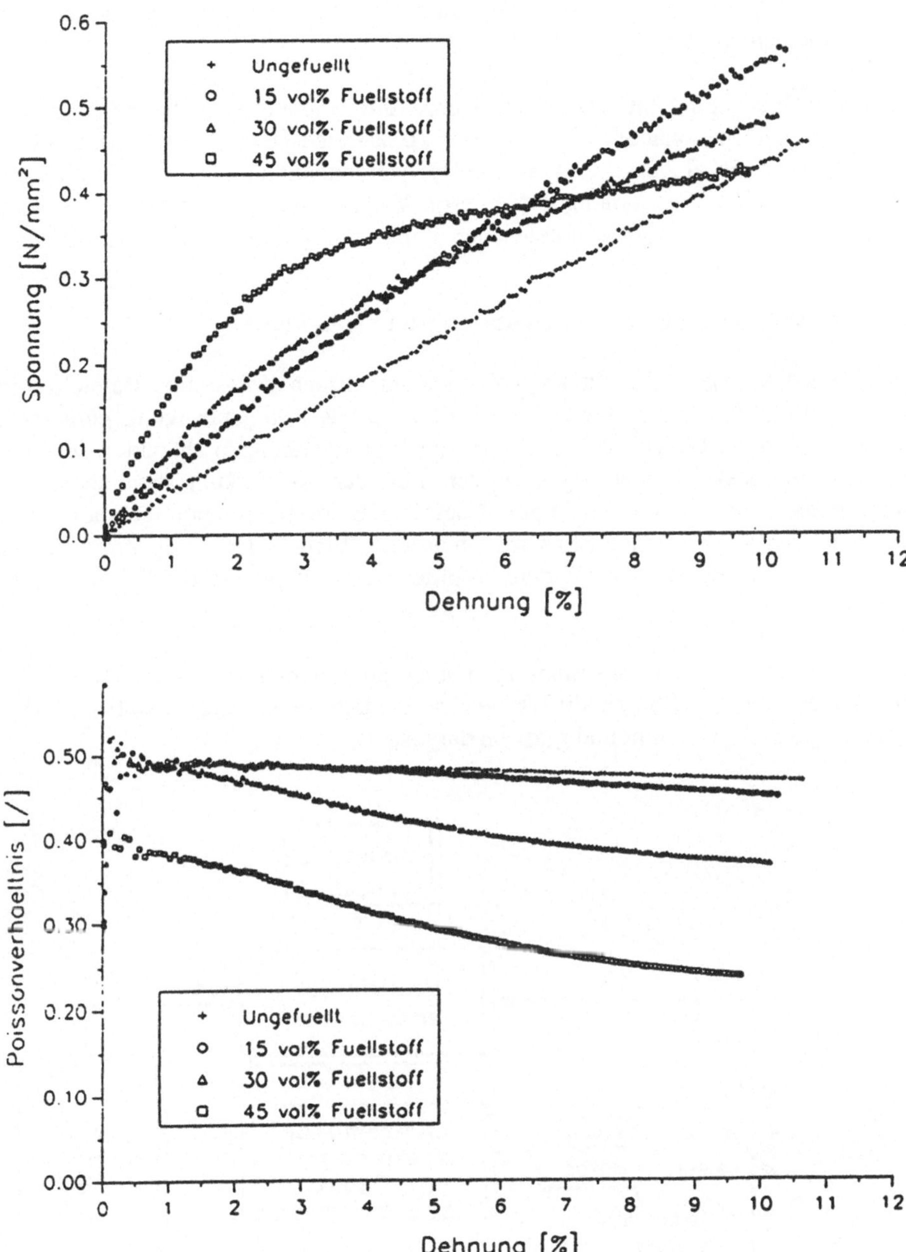

Abb. 1 a,b. Querkontraktionsverhalten gefüllter Elastomere in Abhängigkeit der Längsdehnung

Am ICT wurde eine laseroptische, berührungslos arbeitende und somit rückwirkungsfreie Methode zur zweidimensionalen Verfolgung der Probengeometrie im Zugversuch entwickelt.

In verschiedenen Untersuchungen wurde ihre Eignung zur Beurteilung von Phasengrenzflächenphänomenen bewiesen (Eisenreich et al. 1985, Geißler et al. 1986, Kugler et al., Askel et al. 1991) Messungen anderer Autoren zeigen ebenfalls, daß die Bestimmung des Poisson-Verhältnisses eine effektive Methode zur Detektion von mikromorphologischen Veränderungen im Material darstellt.

2.2 Messung interkristalliner Spannungen in Rezyklaten

Die Gitterdehnungen, die auf Eigenspannungen in den kristallinen Bereichen in teilkristallinen Polymeren hindeuten, werden mittels Röntgenbeugung gemessen. Dabei werden die Rezyklate hinsichtlich der Eigenspannungen charakterisiert und mit den makroskopischen Eigenschaften und der Auswirkung von speziellen Witterungseinflüssen und wichtigen Chemikalien in Korrelation gebracht. Die Messung von Mikrospannungen wird einen wesentlichen Beitrag zu Entwicklung und Einsatz von Rezyklaten mit den Anforderungen entsprechender Eigenschaften leisten.

Zur experimentellen Bestimmung von Eigenspannungen in teilkristallinen Rezyklaten kann die Röntgendiffraktometrie herangezogen werden. Dabei werden Spannungsfelder bestimmt und grafisch dargestellt.

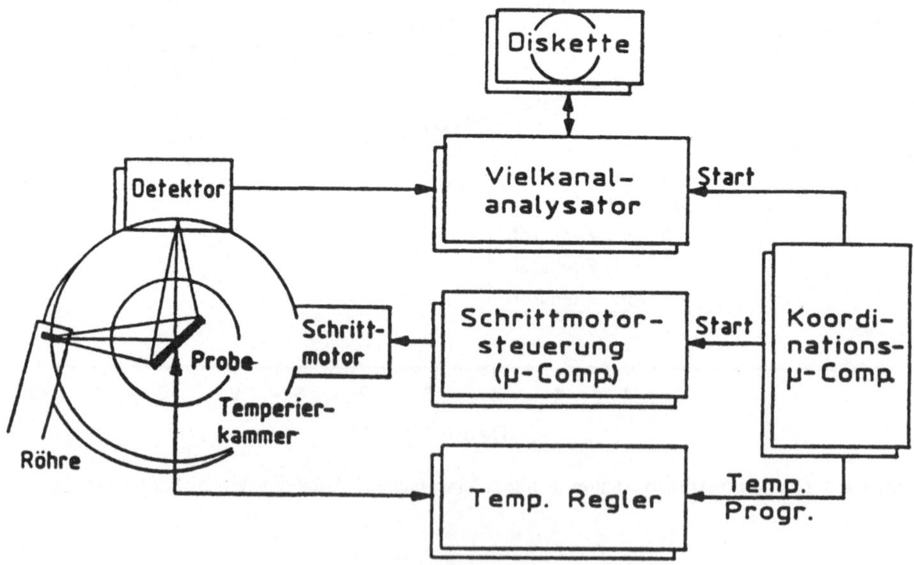

Abb. 2. Einrichtung zur Messung interkristalliner Spannungen

Das ICT verfügt über eine Ausrüstung zur Röntgendiffraktometrie, die aufgrund ergänzender Forschungsarbeiten des ICT eine vielseitige Versuchsgestaltung ermöglicht (Abb. 2). Auf vier Diffraktometern können Versuche nicht nur bei Raumtemperatur, sondern auch bei tiefen und hohen Temperaturen durchgeführt werden (Juez-Lorenzo et al. 1993, Kolarik et al.). Der Einfluß der Temperatur auf die Mikrospannungen kann untersucht werden. Das im ICT vorhandene Know-how auf dem Gebiet der zeit- und temperaturaufgelösten Röntgenbeugung, die in den letzten Jahren viel zur Untersuchung der Hochtemperaturkorrosion eingesetzt worden ist, kann auch auf teilkristalline Rezyklate angewendet werden.

2.3 Messung von Oberflächenverformungen an Rezyklaten

Das Ziel der durchzuführenden Untersuchung wird sein, die Aussagekraft der mechanischen Oberflächenanalytik bei der Verwendung von Rezyklaten darzustellen.

Über den Weg der Oberflächenanalytik können sowohl makroskopische als auch mikroskopische Qualitätskriterien gemessen werden (Scheuermann 1993). Messungen der Oberflächenverformung vor und nach einer mechanischen Belastung geben Aufschluß über die Korrektheit der eingesetzten Materialgesetze (z.B. nach einer FEM-Berechnung). Dabei findet die Oberflächenvermessung in den gängigen einachsigen Prüfverfahren wie Kriech- und Zugversuch und auch bei unidirektionalen Belastungen an fertigen Bauteilen ihren Einsatz.

Bei teilkristallinen Polymeren werden Kristallisationseffekte nach der Bauteilproduktion festgestellt, die zu Volumenänderungen führen und damit die Maßhaltigkeit beeinflussen. Die entstandenen inneren Spannungen werden bei der Bearbeitung von Halbzeugen freigesetzt und verhindern eine genaue Formgebung. Auch hier werden mit Oberflächenmeßverfahren an Materialien mit unterschiedlichen Temperaturgeschichten qualitative und quantitative Aussagen getroffen, die auf Sekundärwerkstoffe übertragbar sind.

Die mikroskopische Oberflächenbeschaffenheit ist eine weitere Qualitätsaussage. Bei Oberflächenkontakten unterschiedlicher Bauteile können Abrieb und Verschleiß zu Funktionsbeeinträchtigungen führen. Die Oberflächengüte, die von der Härte und den Eigenschmiereffekten der verwendeten polymeren Werkstoffe abhängt, wird durch den Vergleich der Oberflächen vor und nach einem mechanischen Kontakt erfaßt.

2.4 Untersuchung der Mikrostruktur mittels FEM

Bauteile aus Sekundärrohstoffen haben Werkstoffeigenschaften, die von der vorliegenden Mikrostruktur des Rezyklates abhängen. Mit Hilfe theoretischer Rechenmethoden, wie der Methode der finiten Elemente (FEM), kann die

Abhängigkeit der Werkstoffeigenschaften eines Rezyklates von seiner Zusammensetzung abgeschätzt werden. Das Ziel der Untersuchung wird sein, möglichst günstige Rezyklatzusammensetzungen rechnerisch zu ermitteln.

Bei gefüllten Rezyklaten ist die mechanische Wechselwirkung zwischen Füllstoff oder Faser mit dem Matrixmaterial für den qualitativ wichtigen Verstärkungseffekt von großer Bedeutung. Mit Hilfe der FEM wird ein Modell erstellt, mit dem der Einfluß des mikroskopischen Spannungsfeldes, in der Umgebung der Füllstoffe, auf die makroskopischen Eigenschaften ermittelt wird. Somit steht eine wichtige wissenschaftliche Grundlage zur Qualitätsbeurteilung von Sekundärwerkstoffen zur Verfügung.

3 Zusammenfassung

Das ICT beschäftigt sich im Rahmen seiner Arbeiten mit der Identifikation von Polymeren und mikromechanischen Fragestellungen. In diesem Zusammenhang wurden mehrere Analysenmethoden entwickelt und im Rahmen mehrerer Projekte eingesetzt. Diese Analysenmethoden können zur erweiterten Qualitätssicherung von Rezyklaten herangezogen werden. Die entwickelten Analysenmethoden sind: Identifikation von Kunststoffen, Messung der Poisson-Zahl im Hinblick auf die Phasengrenzflächen, Messung interkristalliner Spannungen, mechanische Oberflächenanalytik und der Einsatz der FEM in der Mikromechanik.

Mit ihnen können wichtige wissenschaftliche Grundlagen erarbeitet werden, die zu einem schnelleren Einsatz von Rezyklaten führen.

Literatur

Aksel N, Hübner C, Kugler HP (1991) Investigation of the Reason for the Nonlinear Behavior of Filled Elastomers in the Case of Small Deformations, EUROMECH, Abstracts 1st European Solid Mechanics Conference Sept. 9-13, München

Eisenreich N, Fabry C, Geißler A, Kugler HP (1985) Messung der Querkontraktionszahl an Kunststoffen im Hinblick auf die Beurteilung der Füllstoffhaftung. DVM e.V., Vorträge der Tagung Werkstoffprüfung, Bad Nauheim, 391-398

Geißler A, Kugler HP, Schmitt W, Weinkötz C (1986) Qualitätskontrolle von Festtreibstoffen ufgrund des Querkontraktionsverhaltens. ICT Eigenverlag

Juez-Lorenzo M, Kolarik V, Herrmann M, Engel W (1993) Zeit- und temperaturaufgelöste Röntgenbeugung zur Festkörperanalyse. Proc. 7. Tagung Festkörperanalytik, M2-35, Chemnitz (wird veröffentlicht in Fresenius J. Anl. Chem.)

Kolarik V, Juez-Lorenzo M, Eisenreich N, Engel W (1993) In situ Study of the Formation of Orientations during the high Temperature Oxidation of Copper. Proc. 3rd European Power Diffraction Conference EPDIC3, Wien

Kolarik V, Juez-Lorenzo M, Engel W, Eisenreich N Kinetics of Eisenoxide between 400 and 570°C Studied by means of X-Ray Diffraction with Grazing Indience. Fresenius J. Anal. Chem. 346: 252-253

Kugler HP, Stacer RG, Steimle C Direct Measurement of Poisson' Ratio in Elastomers, Rubber Chemistry and Technology, Vol. 63, No. 4, 473-487

Scheuermann T (1993) Berührungsloses Messen von Oberflächenverformungen an gefüllten Polymeren im Druckversuch, ICT-Bericht

Ökologische Anforderungen an die Elektronikschrott-Verordnung – Die geplante Elektronikschrott-Verordnung aus der Sicht des BUND

Thomas Lenius

1 Einleitung

In deutschen Haushalten sind in den zurückliegenden Jahren Millionen Fernseher, Elektroherde, Haartrockner, Videorecorder, Haushaltsmixer, Staubsauger, Computer usw. angeschafft worden. All diese elektrischen oder elektronischen Geräte werden nach Ablauf ihrer sehr unterschiedlichen Gebrauchsdauer zu Abfall. So werden jährlich fast 4 Mio. Fernseher nach einem Lebensalter von fünf bis zehn Jahren ausgemustert.

Nach Schätzungen des Zentralverbandes Elektrotechnik- und Elektronikindustrie e.V. (ZVEI) können 1994 bis zu 1,5 Mio. t gebrauchter elektrischer und elektronischer Geräte anfallen – ca. 900 000 t aus privaten Haushalten (ZVEI 1993). Dieses gewaltige Abfallproblem bedarf sowohl von seiner Quantität her als auch vom inhärenten Schadstoffpotential einer gesetzlichen Regelung. Dies hat sich nun bei allen Beteiligten durchgesetzt.

2 Entwurf der Elektronikschrott-Verordnung

Der Bundesumweltminister legte vor fast drei Jahren den ersten Entwurf zur Elektronikschrott-Verordnung (Entwurf: 11. 7. 1991) vor. Es folgte ein weiteres Arbeitspapier, datiert vom 15. 10. 1992. Bisher hat die Verordnung dieses Entwurfstadium noch nicht verlassen; sie ist noch nixht verabschiedet worden.

Die Entwürfe sind in ihren abfallwirtschaftlichen Zielbestimmungen ausdrücklich zu begrüßen, nur, wie sehr häufig in der Abfallgesetzgebung, bestehen zwischen allgemeinen Zielsetzungen (z. B. Abfallvermeidung als oberstes abfallwirtschaftliches Ziel) und der Regelungspraxis erhebliche Differenzen.

Eine Vermeidung von Abfällen bei Elektro- und Elektronikschrott soll im Verordnungsentwurf erreicht werden durch:

- Substitution umweltgefährdender sowie Verwendung wiederverwertbarer Stoffe und Materialien,
- höhere Reparaturfreundlichkeit und leichtere Demontierbarkeit,
- Einrichtung leicht erreichbarer Sammelsysteme, die eine hohe Rücklaufquote gewährleisten,
- Aufnahme der Kosten für Sammlung, Verwertung und Entsorgung gebrauchter Geräte in die Preise für neue Geräte,

Die Elektronikschrott-Verordnung soll nach Meinung der Bundesregierung die "neue Produktverantwortung der Hersteller" widerspiegeln.

Von der Verordnung betroffen sind alle Hersteller, Vertreiber und Importeure elektrischer und elektronischer Geräte. Sie werden verpflichtet, ihre Produkte vom Endverbraucher zurückzunehmen und vorrangig einer stofflichen Verwertung zuzuführen.

Weitere Abfallverordnungen zu Bauschutt, Altpapier, Altautos, Batterien, Getränkemehrweg und Verpackungen mit schadstoffhaltigen Füllgütern waren zu Beginn dieser Legislaturperiode ebenfalls angekündigt worden. Sie sind zum Teil aber bisher nicht aus dem Stadium des Entwurfes herausgekommen und werden wohl vor der nächsten Bundestagswahl im Oktober 1994 – dies dürfte nicht für die Batterie- und die Altautorücknahmeverordnung gelten – nicht verabschiedet sein. Angesichts dieser Defizite in der Abfallgesetzgebung – bei gleichzeitiger Dringlichkeit solcher Regelungen – kann man dies nur als Bankrotterklärung der Abfallpolitik des Bundesumweltministers Klaus Töpfer verstehen.

Die Elektronikschrott-Verordnung ist auf Druck der Wirtschaftskreise (allen voran der ZVEI) deshalb vom Bundesumweltministerium bis Ende 1994 "auf Eis" gelegt worden und wird zur Zeit offiziell "überarbeitet". Somit ist das beabsichtigte schnelle Inkrafttreten der Verordnung (1. Entwurf: zum 1. 1. 1994) nicht möglich, zur Zeit wird eine Termin Ende 1995 diskutiert.

3 Weitere kritische Punkte des Entwurfs

Der BUND kritisierte schon bei der Verbändeanhörung beim Umweltministerium 1991 in seiner Stellungnahme die starke Selbstbeschränkung des Verordnungsgebers (BUND 1991).

Anstatt die "neue Produktverantwortung" konsequent zu verfolgen und den Rahmen für eine ökologische Veränderung sowohl der Herstellung als auch der Nutzungen und Entsorgung von Elektrogeräten zu ermöglichen, wurde statt dessen ein Modell mit weitestgehender Konzentration auf die Verwertung von Elektronikschrott gelegt.

Die Regelungen zur Verwertung von Elektronikschrott sind darüber hinaus unzureichend. So werden die Rahmenbedingungen für die Verwertungswege oder -verfahren in der Verordnung nicht festgelegt. Nur so hätte man der Gefahr einer Problemverlagerung ins Ausland entgegenwirken können. Dies ist aber angesichts der – inder Regel schadstoffhaltigern – Abfallmengen (mit PCB, Schwermetallen usw.) aus dem Elektronikbereich notwendig. Skandale wie um die Firma EUMET in Frankfurt zeigen sehr deutlich, daß auch eine effektive Kontrolle notwendig ist. Die Entsorgung von Elektronikschrott allein den Marktkräften zu überlassen, wäre fatal.

4 Scheinlösungskonzepte der Wirtschaft

Der ZVEI hat im September 1993 sein "Lösungskonzept" vorgelegt. Eine kritische Betrachtung ergibt, daß der Bundesverband der deutschen Elektrotechnik und Elektronikindustrie alle wesentlichen Kostenfragen zu Lasten der Verbrauchers zu regeln gedenkt. Die Kommunen sollen auch weiterhin für die Sammlung der Altgeräte zuständig sein und der müllgebührenzahlenden Bürger soll nach Meinung des ZVEI für die Kosten aufkommen, wobei eine Differenzierung in "mülltonnenfähige" Kleingeräte und in Großgeräte vorgenommen wird. Bei den Großgeräten insbesondere soll der Letztbesitzer die Kosten übernehmen. Hier will sich die Wirtschaft auch engagieren und "mithelfen", geeignete Rücknahmesysteme zu ermöglichen. Quintessenz dieser Vorstellung ist, daß möglichst alle Kosten einer Sammlung, Verwertung oder Entsorgung nicht der Hersteller oder der Handel zu tragen hat, sondern der Verbraucher.

Eine Differenzierung in eher umweltverträglichere oder in umweltbelastende Produkte wird durch eine solche Vorgehensweise nicht begünstigt. Es ist bei diesem Konzept nicht erkennbar, wie durch ökonomische Anreize eine umweltverträglichere Produktgestaltung erreicht werden kann. Allein auf die Freiwilligkeit der Industrie zu setzen – angesichts der zurückliegenden Entwicklung – würde zu einem Rückschritt im Elektronikbereich führen, der nicht hinnehmbar ist.

Eigentlich sollten die Hersteller ihre neuen Apparate schon seit Jahresbeginn 1994 kostenlos vom Endverbraucher zurücknehmen. Das sah der erste Entwurf des Gesetzes ja vor. Eine kostenlose Sammlung und Verwertung lehnt die Industrie ab – es wird deshalb zur Zeit über andere Wege zur Finanzierung der Entsorgung diskutiert.

Neben dem ZVEI-Modell werden weitere Wege vorgeschlagen:

1. Beim Kauf wird schon die Entsorgungsgebühr erhoben. Sie kann 15 % des Preises betragen und soll um so geringer sein, je umweltfreundlicher das Gerät konstruiert ist.
2. Eine Rückgabegebühr ist an den Händler zu zahlen. Die Kosten dürften z. B. bei einem Fernseher bei 50-80 DM plus Transportkosten/Verwaltungsausgaben liegen.

Alle diese Modelle sind nach Meinung des Autors an den Maßstäben Vermeidungspotential von Abfall im Elektronikschrottbereich, neue und ökologische Produktverantwortung des Produzenten, gute praktische Handhabung der Sammlung für den Verbraucher und damit zusammenhängend einer hohen Erfassungsquote zu messen. Hier ist eine Entsorgung über die Mülltonne – wie dies der ZVEI bei "mülltonnengängigen Kleingeräten" vorschlägt – auszuschließen. Unter den oben genannten Bedingungen ist eine kostenlose Rücknahme, insbesondere bei Abnahme von Neugeräten, wohl die beste Lösung. Im übrigen nehmen zur Zeit einzelne Computerfirmen in Deutschland über ihre Vertragshändler kostenlos ihre Geräte zurück.

5 Welche ökologischen Anforderungen sind an die gesetzlichen Regelungen zu stellen – wie könnten die Elektronikschrottprobleme gelöst werden?

Neue und gebrauchte elektronische und elektrische Geräte beinhalten heute aufgrund der in ihnen enthaltenden Chemikalien, Zubereitungen und Materialien ein erhebliches Schadstoffrisiko. Die Zusammensetzung des Elektronikschrotts, z. B. von Computern, umfaßt zum einen Stahl, Kupfer(-kabel) und Edelmetalle bis hin zu 40 verschiedenen Kunststoffarten, zum Teil als Verbundstoffe eingesetzt, sowie Öle, Schwermetalle, Glas usw.

Wenn man den Material- oder Stofffluß, etwa von Kunststoffen, verlangsamen und damit das Müllproblem langfristig entschärfen will, muß man sich anderen Lösungen als dem Recycling zuwenden. Das Genfer Institut für Produktdauerforschung hat im Auftrag des baden-württembergischen Umweltministeriums eine Studie zur Vermeidung von Abfällen bei Produkten erstellt (Stahel 1991). Hier wird am Beispiel eines elektrischen Handbohrers gezeigt, daß die Abfallmenge, die diese Geräte verursachen, auf etwa ein Fünfzigstel im Vergleich zur derzeitigen Situation sinkt, wenn die folgenden Gesichtspunkte – in ihrer Priorität – berücksichtigt werden:

1. Die Nutzungsintensität wird vergrößert.
2. Die Lebensdauer wird verlängert.
3. Die Recyclingfreudigkeit wird verbessert.

Die Nutzungsintensität von z. B. Hobbywerkzeugen ist, verglichen mit industriellen Maschinen und Werkzeugen im Handwerk, verschwindend gering. Eine intensivere Nutzung eines elektrischen Gerätes würde zu einer geringeren Neuproduktion führen, dafür aber zu höheren Personalkosten für ein "Öko-Leasing". Einen solchen Werkzeugverleih gibt es seit Jahren bei Parkettschleifmaschinen. Auch Leasingmodelle, wie sie bei größeren Kopiergeräten funktionieren, sind denkbar und sollten intensiv gefördert werden.

Entscheidene Voraussetzungen für eine Verlängerung der Nutzungsdauer sind:

- daß mit dem Gerätekauf eine langfristige "Hochrüstgarantie" erworben wird,
- daß die Hersteller längere Garantiefristen einräumen,
- daß austauschbare Module nach Möglichkeit auch in Neugeräten wiederverwendbar sind,
- daß bestimmte Basiseigenschaften der Geräte einheitlich genormt sind,
- daß diese Normen über lange Zeiträume konstant bleiben.

Je länger ein Elektrogerät hält, desto weniger schnell fällt es als Abfall an. Die Lebensdauer eines Produktes setzt aber eine sorgfältigere Herstellung und intensivere Wartung voraus.

Die ausschließliche Prämisse "Langlebigkeit" kann sinnvollerweise nur für Produkte gelten, deren Innovationsentwicklung keine Quantensprünge mehr erwarten läßt. So sind heute Computer kein langlebiges Produkt, da sie alle zwei bis drei Jahre einen Generationswechel zu verzeichnen haben. Hier ist die Höherrüstbarkeit und der Austausch von Baugruppen die richtige Strategie, den Stofffluß zu verändern.

Das Recycling kann angesichts ökologisch unzureichender und uneffektiver Recyclingverfahren nur als nachgeordnete Strategie eingesetzt werden. Im übrigen schafft Recycling – im günstigsten Falle – eine Vermeidung der Beseitigung von Abfallen. Es verändert nichts am grundsätzlichen Problem des Verbrauchs von Wasser, Energie, Rohstoffen und Fläche bei jeder Produktion. Durch die Einschränkung der Neuproduktion durch Recyclingprodukte kommt es aber zu einem geringeren Ressourcenverbrauch und damit zu einer Verlangsamung des Stoffflusses. Daher muß jede Verwertung danach beurteilt werden, wie weit sie die Neuproduktion einsparen kann.

Produkte sollten besser, intensiver und länger genutzt, aber auch recyclingfreundlich konstruiert sein.

Kriterien hierfür sind z. B. die Vermeidung

- von Preß-, Schweiß- und Klebeverbindungen (Verbesserung der Demontierbarkeit),
- von Beschichtungen,

- von Verbundwerkstoffen und Kunststoffgemischen
- sowie die Reduktion der Werkstoffvielfalt

und die durchgängige Kennzeichnung von Werkstoffen und (schadstoffhaltigen) Bauteilen.

Das Ergebnis einer BUND-Umfrage bei Computerherstellern in Deutschland, in unserer Verbandszeitung Natur und Umwelt (Nr. 2/1994) veröffentlicht, hat gezeigt, daß eine Reihe von Herstellern schraubenarme bzw. schraubenfreie Konstruktionen bei einzelnen Neuprodukten schon praktizieren. Die meisten Hersteller kennzeichnen heute ihre größeren Kunststoffteile oder sind gerade dabei diese Kennzeichnung für alle ihre Produkte zu etablieren. Stromsparversionen sind genauso wie MPR II-Norm bei Bildschirmen Stand der Technik. Noch immer sind die Mehrzahl der ausgelieferten EDV-Produkte aber keine sogenannten "Öko-Computer". Bei Computerherstellern scheint aber die kritische Beschaffungspolitik in Behörden und Verwaltungen dazu geführt zu haben, daß dieses Marktsegment von "Öko-PCs" sich etabliert hat und nach einer historischen "ökologischen Tiefschlafphase" Verbesserungen bei der Demontierbarbeit und Recyclingfähigkiet von Computern zu verzeichnen sind. Dennoch ist in der Zukunft nicht mit dem 100 % rezyklierbaren Computer zu rechnen, allein die schadstoffhaltigen Leiterplatten werden wohl bis auf weiteres als Sondermüll anfallen.

Neben der Stoffstrom-Problematik ist aber auch weiterhin die Frage der Schadstoffvermeidung zu regeln. So ist ein Verbot von polybromierten Diphenylethern als Flammschutzmitteln in Kunststoffen notwendig, um die Umwelt- und Gesundheitsgefährung durch die Freistetzung von Dioxinen und Furanen zu vermeiden. Studien des Umweltbundesamtes haben deutlich gezeigt, daß schon beim Betrieb von Monitoren bzw. Fernsehern bromierte Dioxine/Furane freiwerden können, wenn polybromierte Diphenylether angewendet worden sind. Bei der Verbrennung solcher flammgeschützten Kunststoffe besteht dann erst recht ein großes Dioxin/Furan-Problem.

Eine zur Zeit in der Auswertung befindliche Umfrage des BUND bei Herstellern und Anwendern von Flammschutzmitteln zeigt, daß noch immer bromierte Flammschutzmittel verwendet werden. Zum Teil sind bis vor kurzem auch polybromierte Diphenylether verwendet worden. Bei ausländischen Herstellern ist dies bis heute nicht auszuschließen, wie uns Computerhersteller bestätigen. Bis heute weigert sich das Bundesumweltministerium eine Verbotsregelung zu erlassen. Es wird auf die EU verwiesen. Darüber hinaus wird auch argumentiert, daß die in der neuen Dioxinverordnung festgelegten Grenzwerte für bromierte Dioxine und Furane ein indirektes Verbot der bromierten Diphenylether bewirken wird, da beim Recycling von solchen flammgeschützten Kunststoffen die Grenzwerte nicht eingehalten werden können.

Fazit: Eine wirklich wirkungsvolle Vermeidung von Abfällen aus der Herstellung und dem Gebrauch elektrischer und elektronischer Produkte läßt sich nur durch eine erhöhte Langlebigkeit der Produkte sowie durch veränderte Vertriebs- und Nutzungsstrategien erreichen. In diese Richtung sollten die ordnungspolitischen und ökonomischen Regelungen zielen, und nicht allein auf eine Verwertung.

Literatur

Bund (1991) BUND-Stellungnahme zum Entwurf der Elektronikschrott-Verordnung vom 11.7.1991, Bonn

Ewen C (1993) Falsch programmiert – Am Beispiel des Eelektronikschrotts lassen sich Kriterien für ein sinnvolles Recycling darstellen; Müllmagazin 1

Lohse (1993) Ökopol Hamburg; Derzeitige Produktgestaltung – konstruktive Verbesserungsmöglichkeiten, Vortrag Technische Akademie Esslingen

Stahel (1991) (Institut für Produktdauerforschung, Genf) Vermeidung von Abfällen im Bereich der Produkte; Ministerium für Umwelt des Landes Baden-Württemberg

ZVEI (1993) Lösungskonzept der deutschen Elektroindustrie für die Verwertung und Entsorgung elektrotechnischer und elektronischer Geräte; ZVEI-Memorandum zum Entwurf einer "Elektronik-Schrott-Verordnung", Frankfurt

Elektronikschrottverwertung aus einer Hand

Jürgen Behrendt

Unabhängig davon, ob die ESVO nun sofort kommt oder nicht, die Elektronikschrottproblematik bleibt bestehen. Denn schon allein die bestehenden Gesetze, wie das Verwertungsgebot des AbfG und die strengen Anforderungen an Deponierung und Verbrennung in der TA Siedlungsabfall reichen aus, um den eingeschlagenen Weg fortzusetzen. Elektronikschrott kann und darf eigentlich schon jetzt nicht mehr deponiert oder verbrannt werden. Nur die verschiedenen Auslegungsbandbreiten der o. g. Gesetze und die leeren Kassen der Kommunen verhindern z. Z. die eindeutige Anwendung der Gesetze.

Die ESVO benötigt man eigentlich nur, um den Hersteller zur Finanzierung der Entsorgung heranziehen zu können.

Der Abfallverursacher, sei es nun der Hersteller, der eigene Leiterplatten verschrotten muß, oder die Kommune, die die Geräte über den Sperrmüll angedient bekommt, steht vor dem folgenden Problem:

1. Wohin mit dem Material?
2. Wie können Sie die verschiedenen Angebote vergleichen?
3. Was macht der "Entsorger" mit dem Material?
4. Wie können Sie ihn eigentlich überprüfen?

Bei der Beantwortung dieser Fragen seien mir die Spitzen in meinen Ausführungen verziehen.

1 Wohin mit dem Material?

Wie Pilze bieten "Entsorger" ihre Dienste an. Und jeder kann es besser und billiger als der bisherige. Da ist dann die Verlockung groß, den billigsten zu nehmen, solange man ein "Zertifikat" für die "weitgehende Verwertung" erhält. Aber daß der Billigste auch der Beste ist, verbietet schon das Gesetz der Wirtschaftlichkeit. Der Billigste ist wohl eher jener, der diesen brisanten Abfall zu Wertstoff umbenennt und in die weite Welt exportiert. Vielleicht hat er auch noch einen Partner gefunden, der von den defekten TV-Geräten auch noch die Stecker abschneidet und dies das "weitgehende" Recyclingverfahren nennt – und den Rest in der unendlichen Weite der Taiga ablagert.

Leider läßt die Auslegung des Begriffes Wertstoff neben dem Verschieben von halbgefüllten Farbkanistern oder von Kunststoffabfällen des Dualen Systems auch den Export von Elektronikschrott zu.

Vielleicht hat der Billigabnehmer auch noch eine Deponie gefunden, die nicht ganz so restriktiv handelt und dieses Material als Abfall deponiert.

Doch hier ist natürlich Vorsicht geboten; denn wenn Ihr Elektronikschrott als Abfall entsorgt wird, bleibt die Durchgriffshaftung auf den Abfallerzeuger bestehen.

2 Wie können Sie die Angebote vergleichen?

Diese klare Vergleichbarkeit ist eigentlich so lange nicht möglich, wie die Gesetze einerseits den eben dargestellten Weg ermöglichen, und andererseits keine anerkannten Regeln von den verschiedenen Verwertern eingehalten werden müssen. Noch reicht ein Auseinanderschrauben - in den vornehmen Prospekten nennt man dies "manuelle Fraktionierung".

Die anschließende Schadstoffentfrachtung und die abschließende Lagerung der Leiterplatten nach dem Motto, daß irgendwann schon jemand kommt, der auch noch Geld für diese Innereien zahlt, rundet vielfach die Recycelbemühungen des Verwerters ab. Da sich ja große Mengen Edelmetalle und noch brauchbare Chips hierin verstecken, ist auch der Interessent aus dem Osten dort.

Die solideren Unternehmen sortieren die schadstoffentfrachteten Leiterplatten in verschiedene Fraktionen. Die edelmetallhaltigen Platinen werden den auf die Edelmetalle spezialisierten Scheideanstalten verkauft; die nicht edelmetallhaltigen Platinen werden z.T. unter diese Menge untergemischt oder anderweitig verbrannt.

Die soliden Recycler haben sich auch schon heute freiwillig verpflichtet, sich vom unabhängigen TÜV überprüfen zu lassen. Dabei werden die Fraktionierung, die Schadstoffentfrachtung und der Absatz der verschiedenen Stoffe regelmäßig überprüft. Dies ist immerhin ein Anfang, obwohl die Anforderungen m.E. noch lange nicht ausreichen. Deshalb warten wir auf Vorgaben der Hersteller und Auftraggeber.

Dieser Anfang kann für Sie eine kleine Entscheidungshilfe sein, mit welchem Entsorger und Verwerter Sie nun zusammenarbeiten wollen.

Sie sollten bei der Auswahl Ihrer Abnehmer darauf bestehen, daß Ihnen genau die Absatzwege der Materialien nachgewiesen, und nicht nur versprochen werden.

Und fragen Sie doch nur einmal, was mit den LCDs gemacht wird und mit welchen Filterklassen denn die Cd-haltigen Stäube gefiltert werden. Oftmals disqualifiziert die Antwort bereits den sog. Verwerter.

Aber am wichtigsten ist, daß Sie selbst zum Abnehmer hinfahren und sich den Betrieb ansehen. Dann endlich haben Sie Argumente für sich gefunden und können die gepriesenen Leistungen wirklich vergleichen.

Ein weiterer Punkt muß hier angesprochen werden: Handelt es sich bei dem Abnehmer um einen Großentsorger oder einen Stromkonzern?

Bekanntlich haben die Stromerzeuger den Entsorgungsmarkt bereits untereinander aufgeteilt und stellen in ganz Deutschland bereits in allen Bereichen die größten Marktanteile dar. Entweder wurden kleinere Unternehmen, die bisher das Know-how im Bereich der Entsorgung hatten, mehr oder weniger freiwillig übernommen, oder aber sie wurden durch extreme Preiskalkulationen in den Ruin getrieben. Diese Vorgehensweise wird dann "Strategie" genannt.

Die heikle Entscheidung für Sie ist dabei: Will ich den Wettbewerb langfristig erhalten oder muß ich lediglich momentan meine Kosten so niedrig wie möglich halten?

Fest steht dabei, daß die Einflußnahme und Kontrollmöglichkeit durch Sie umgekehrt proportional zur Größe des Abnehmers steht. Fest steht auch, daß ein großer Name kein Garant für die Solidität der Arbeit ist.

Um Mißverständnisse auszuräumen: Ich möchte nicht den Wettbewerb begrenzen, sondern erhalten und ausbauen. Natürlich möchte ich dabei die Lanze für den Mittelstand brechen; immerhin war es über viele Jahrzehnte der Mittelstand, der das Land entsorgt hat und der die Verwertung vorangetrieben hat.

Es wäre schlecht um die zukünftige Vielfalt unserer Gesellschaft bestellt, wenn der Mittelstand beim Abstecken der neuen Claims untergehen und die zukünftige Entsorgung nur durch die Großen erfolgen würde. Eine erneute Abhängigkeit von Monopolisten wäre damit unausweichlich vorprogrammiert.

Daß der Mittelstand sich durchaus dem Problem gestellt hat, mögen Sie daran erkennen, daß er es ist, der schon lange die Verwertung von Elektronikschrott durchführt. Die "Großen" sind nur auf den fahrenden Zug aufgesprungen. Meistens haben diese Unternehmen bis auf eine bessere PR-Abteilung bisher nicht mehr zu bieten als das, was bisher vom Mittelstand gemacht wird.

Daß der Mittelstand sich jetzt nicht ausruht, sondern auch große Summen in die Zukunft investiert, wird im nächsten Abschnitt dargestellt.

3 Wie erfolgt eigentlich die "Verwertung"?

Diese Frage möchte ich anhand unseres Verwertungswegesdiskutieren: Was macht Behrendt Electronic-Recycling nun mit diesem Elektronikschrott?

Dazu wird unser Produktionsweg dargestellt, um zu dokumentieren, daß wir nicht nur die Geräte demontieren und die ausgebauten Stoffe "weitergeben", sondern unsere Aufgabe konsequent zu Ende führen und die "Innereien" mit verschiedenen Maschinen im Kaltverfahren aufschließen, um auch die auf und in den Platinen befindlichen Metalle zurückzugewinnen.

Als Entsorgungs- und Verwertungsbetrieb mit fast 100jähriger Erfahrung sind wir in allen Bereichen der Rohstofferfassung und -verwertung tätig.

3.1 Die drei Schritte der Verwertung

3.1.1 Manuelle Zerlegung

Die Vorzerlegung erfolgt gemäß den technischen Möglichkeiten der anschließenden maschinellen Weiterverarbeitung mit pneumatischen Werkzeugen. So werden neben den Schadstoffen auch die großen Transformatoren und Lüfter, Eisenrahmen u. ä. manuell fraktioniert.

3.1.2 Schadstoffentfrachtung

Diese erfolgt manuell bei der Handzerlegung. Alle Naßkondensatoren werden wegen der PCB-Gefahr demontiert, ebenso die Ni-Cd-Akkus, Lithiumbatterien, Hg-Schalter und LCD-Anzeigen. Auch die LEDs werden wegen der Gallium-Arsenik-Verbindungen in Zukunft getrennt erfaßt werden müssen. Lediglich die sehr geringe Menge dieser LEDs macht momentan eine Trennung noch nicht nötig.

Die Lagerung der Stoffe und die Entsorgung erfolgt gemäß den abfallrechtlichen und lagertechnischen Richtlinien.

3.1.3 Kaltvermahlung und Separierung (trocken-mechanische Aufbereitung)

Schrittweise werden im eigenen Betrieb die elektronischen Innereien mit verschiedenen Mühlen zu einem sandkorngroßen Produkt zerkleinert. Das so aufgeschlossene Material wird anschließend über diverse Trennverfahren (Magnete, Hochleistungssichter und diverse Siebmaschinen) in die Fraktionen Metall, Kunststoff und Kunststoffasern getrennt.

Die Zusammensetzung der Metallfraktion ist abhängig von den Inputgütern. So ist z. B. die Zusammensetzung von Platinen aus alten EDV-Anlagen ganz anders als jene von TV-Geräten.

Sie besteht aus Cu, Al, Zn, Pb, bei besseren Materialien auch aus Au, Ag, und Pa. Je nach Zusammensetzung wird das Metallgemisch (ohne Fe) in die Edelmetallschmelze zur Rückgewinnung von Au und Ag gegeben oder in die Metallhütte zur Herstellung von Rotguß.

Der wesentliche Unterschied der trocken-mechanischen Lösung zur bisherigen Verbrennung der gesamten Platinen in Kupferhütten ist der, daß unser Material frei von Kunststoffen ist und somit gar nicht erst die Diskussion um Dioxin- und Furanbildung bei den thermischen Prozessen aufkommen kann.

Ob eine weitere Auftrennung der Fraktionen im eigenen Hause über Elektrolyse oder Feinstvermahlung mit anschließender Feinstseparierung erfolgen wird, ist noch nicht entschieden. Momentan erscheint dieser weitere Schritt jedoch energetisch aber nicht sinnvoll, selbst wenn der Reinheitsgrad z. B. von Kupfer dann bei 99 % liegt. Besser scheint direkt der Einsatz für Stoffe, die aus diesen Metallen ohnehin erschmolzen werden.

Selbstverständlich benötigen wir hierzu eine ganze Menge an Energie. Aber wir sparen die Emissionen bei der alternativen Verbrennung, die wegen der Additive auf den Platinen gerade problematisch sind.

3.1.4 Bildröhren aus Monitoren

Die belüfteten Bildröhren werden im eigenen Betrieb mit Trenngeräten geöffnet, das Leuchtmittel mit dem Cadmium im Vakuum trocken entfernt und die verschiedenen Glassorten getrennt voneinander verwertet.

Während das Pb-haltige Glas in die Reduktion zur Gewinnung von Pb geht, wird das Ba-haltige, gereinigte Glas zur Herstellung von technischen Gläsern verwendet. Die hohe Qualität der Trennung bringt einen solch hohen Reinheitsgrad der Gläser, daß sie in der Flachglasindustrie wieder eingesetzt werden könnnen. Auch für die Steinproduktion ist dieses Glas verwertbar. Das Ziel muß aber der erneute Einsatz als Röhrenglas sein. Mehrere Versuchsreihen für diesen direkten Recyclingprozeß werden gerade durchgeführt.

Lediglich das Leuchtmittel mit dem Cadmium kann momentan nicht verwertet werden, sondern muß als Sonderabfall deponiert werden.

Wir halten diesen Weg der getrennten Verwertung für den richtigen, da so dem Gedanken des Recycling noch am ehesten Rechnung getragen wird. Die alternative Verwertung von gemischten Scherben als Zuschlagsmaterial für Straßenbau oder zur Verfüllung von Bergwerksstollen reicht nicht aus.

3.2 Verwertete Fraktionen

- Alle Metalle bis hin zum kleinsten Lötpunkt, bestehend aus Fe, Cu, Ni, Pb, Zn, Au, Ag, Pa, Al;
- jegliches Glas aus Bildröhren, Glas aus Büromaschinen;
- Teileverwertung von Gebrauchsgütern, wie Transformatoren, Ventilatoren, elektronischen Bauteilen, soweit dies mit unseren Auftraggebern vereinbart wird;
- saubere, bromfreie Kunststoffe.

3.3 Reststoffe und Verwertungsquote

Die Menge der nicht verwertbaren Stoffe hängt von dem einzelnen Gut ab. Bei TV-Geräten bleiben z. B. lediglich das Spanplattengehäuse, die Kondensatoren, das Leuchtmittel und die bromhaltigen Kunststoffe als Restmüll übrig, wobei die Problemstoffe natürlich gesondert zu entsorgen sind. Die Verwertungsrate beträgt etwa 70 %, bei TV-Geräten mit Kunststoffgehäuse ca. 90 %. Bürokommunikationsgeräte erfüllen eine Quote von ca.90 %.

Wir möchten aber auf die Gefährlichkeit der Statistik hinsichtlich der Verwertungsquoten hinweisen, da diese stark manipulierbar sind und zu ähnlichem Auslegungsspielraum wie bei den Quoten des Grünen Punktes führen könnten.

3.4 Kunststoffe

Die Verwertung von Kunststoffen stellt das derzeit größte und ungelöste Problem dar. Der Grund sind die Heterogenität der verwendeten Kunststoffe und die Durchdringung mit Bromsalzen als Flammhemmer.

Eindeutig nicht bromverseuchte ABS-Kunststoffe werden in unseren Mühlen granuliert und zur Wiederverwertung weitergegeben. Das Problem ist dabei, die nicht bromhaltigen Stoffe von den bromhaltigen zu unterscheiden.

Die chemische Industrie verfolgt gerade ein Verfahren, über verschiedene Erkennungstechniken die jeweilige Matrix der Rückwand oder des Monitorgehäuses im Schnellverfahren zu analysieren, um so die verschiedenen Mischungen und Additive zu separieren. Das Ziel ist hierbei, die Kunststoffe möglichst sortenrein recyceln zu können.

Zwar ist hier der Durchbruch noch nicht erfolgt, die geballten Anstrengungen zur Verwertung auch der Kunststoffe des Elektronikschrottes werden aber zum Erfolg führen. Darauf setzen wir alle unsere Hoffnungen. Zwischenzeitlich begnügen wir uns mit unserer bescheidenen Erfahrung.

Wie sich der Markt auf Dauer entwickeln wird und ob die Erfahrungen aus dem "Dualen System" vielleicht doch die "thermische Nutzung" als einen Weg der Verwertung zulassen, kann heute noch nicht entschieden werden. Sicherlich ist im Zuge des Downcycling ein Einsatz dieser Materialien in Gartenpfählen oder Dachpfannen möglich; wegen der derzeit sich öffnenden technischen Innovation gerade der Kunststoffindustrie wird es aber bessere Wege geben.

Ob aber der Einsatz der bromhaltigen Stoffe in anderen Kunststoffmischungen sinnvoll erscheint, ist zumindest zweifelhaft. Wir meinen, daß diese Kunststoffe so nicht recycelt werden sollten, um die unkontrollierte Verteilung und Verdünnung dieser Problemstoffe zu verhindern.

In Deutschland wird spätestens in zwei Jahren die Verwendung von Brom nicht mehr möglich sein und somit auch der von einigen Recyclern noch gegangene Weg des Einsatzes von bromhaltigen Rezyklaten geschlossen sein. Diese Stoffe sind dann besser in dafür zugelassenen Deponien aufgehoben, da eine Verbrennung zur Bildung von Dioxinen und Furanen führen kann.

3.5 Transportlogistik

Wenn Ihnen eine Selbstanlieferung nicht möglich ist, ist der Fuhrpark der Behrendt Electronic-Recycling in der Lage, Ihr Unternehmen jederzeit kurzfristig zu entsorgen. Vom geschlossenen 24-m^3-Container bis hin zu Sammelboxen mit ca. 2,5 m^3 Fassungsvermögen und Euro-Tauschgitterboxen können wir Ihnen bei Ihren logistischen Problemen helfen.

An sinnvollsten ist die Erfassung von Tischgeräten in Euro-Gitterboxen, die im Tauschverfahren abgeholt werden. Hierzu hat Behrendt Electronic-Recycling mit einer bundesweit arbeitenden Speditionskette eine Arbeitsgemeinschaft gegründet, die über eine Hotline-Nummer den Austausch der Gitterboxen zu einem Festpreis jeweils innerhalb einer Woche organisiert.

Alternativ dazu bieten wir unsere Zugehörigkeit zum bundesweiten Erfassungssystem der VfW an, das bereits im Bereich der Verpackungen Branchenlösungen durchführt. Bei diesem System stehen ca.150 Sammelstellen für Elektronikschrott zur Verfügung, von wo aus der Schrott zu lizensierten Zerlegezentren weitertransportiert wird. Dieses System ist dann geeignet, wenn bundesweite Erfassungssysteme vom Kunden gefordert werden.

3.6 Zertifizierungen

Behrendt Electronic-Recycling ist ein vom TÜV zertifiziertes Unternehmen, das sich auch anderen, höheren Anforderungen in Zukunft stellen wird. Auch erwarten wir strengere Vorgaben unserer Lieferanten.

Natürlich besitzen wir alle nötigen Genehmigungen – für ein privates Entsorgungsunternehmen mit fast 100jähriger Erfahrung eine Selbstverständlichkeit.

4 Wie können Sie die Verwerter überprüfen?

Diese letzte Frage ist nun noch zu beantworten:

Zuerst muß der Verkäufer mißtrauisch werden, wenn ihm der Verwerter für alles Material einen Einheits- und Pauschalpreis anbietet.

Wer sich nur ein wenig mit der Materie auseinandersetzt und die verschiedenen Schwierigkeitsstufen der Verwertung kennt, kommt schnell zu dem Ergebnis, daß es bei dieser Abrechnungsmethode nicht mit rechten Dingen zugehen kann. Schließlich kann man auch kein TV-Gerät beim Radiogeschäft zum Pauschalpreis kaufen, wenn man nicht weiß, ob man ein 67-Farbbildgerät oder ein SW-Portable für den Campingurlaub bekommt.

Seriöse Verwerter können zwar für Klassiker, wie TV-Gerät, Monitor oder PC, feste Preise nennen, aber schon bei den Laptops ist diese Möglichkeit zu Ende. Wegen der besonderen Behandlung der LCD-Bildschirme als Sonderabfall müssen diese aus den Deckeln ausgebaut werden. Nur sind leider einige verklebt, sodaß evtl. der gesamte Deckel für immerhin fast 5.- DM/kg entsorgt werden muß. Dies schlägt natürlich dann ganz deutlich im Kilopreis zu Buche. Gleiches gilt auch für die Entsorgung der relativ schweren Akkus.

Den Exporteuren Richtung Osten oder jenen, die den Begriff der "weitgehenden" stofflichen Verwertung individuell auslegen, ist dies natürlich einerlei. Dazu kann man sich ein wenig auf Zertifikate des TÜV verlassen, die die Mengenströme anhand der vorgelegten Belege überprüfen. Leider werden diese Prüfungen nicht auch noch die Abnehmer einiger Produktgruppen und deren Abnehmer und deren Abnehmer etc. mit einbeziehen. Wenn außerdem manipuliert werden soll, ist dies natürlich ebenfalls möglich. Denn kein TÜV kann sicher sein, daß die Mengenbilanzen stimmen. Das hat ja die Erfahrung mit dem Grünen Punkt ergeben.

Es bleibt also nur die persönliche Überprüfung der Verwerterbetriebe. Wenn dann auch noch die Verwertung auf allen Stufen unter einem Dach stattfindet, sind die Voraussetzungen gut, daß Sie die versprochene Leistung für Ihr Geld auch bekommen. Nur bei einer Verwertung aus einer Hand und unter einem Dach behalten Sie den Überblick über alle Bereiche.

Und genau dieses Konzept verfolgen wir:

1. Weitgehende Verwertung in unserem Betrieb unter einem Dach;
2. Zertifizierung durch den TÜV anhand von Bedingungen, die unsere Kunden vorgeben;
3. ständige Möglichkeit für unsere Kunden, uns zu besuchen;
4. Dokumentation der Verwertungswege.

Vermeidung, Verwertung und umweltgerechte Entsorgung von Elektronikschrott

Jürgen E. Dechert

Gesetzliches Umfeld

- Abfallgesetz
- Verordnungen nach § 14
  - Verpackung
  - E-Schrott
  - Automobile
  - Batterien
  - Duckerzeugnisse

  (E-Schrott, Automobile, Batterien, Duckerzeugnisse: geplant)
- Neuerung AbfG
  "Kreislaufwirtschaftsgesetz"

Abfallgesetz

- Vermeidung von Rückständen,
- Verwertung von Rückständen,
- Entsorgung von Rückständen,
- Rechtsverordnung nach § 14.

Elektronikschrott-VO (Entwurf vom 15.10.92)

Ziel: Vermeidung von Elektronikschrott

- Elektrische oder elektronische Geräte oder Geräteteile sollen umweltverträglich und aus verwertbaren Materialien hergestellt werden.
- Sie sollen leicht reparierbar und zerlegbar sein.

- Es sollen Sammelsysteme eingesetzt werden, die für den Endverbraucher leicht erreichbar sind.
- Gebrauchtgeräte sollen einer neuen Verwendung oder Verwertung zugeführt werden.
- Nicht mehr verwend-/verwertbare Geräte sollen einer ordnungsgemäßen Entsorgung zugeführt werden.

Verursacherprinzip – Hersteller und Vertreiber sind verpflichtet, gebrauchte Geräte und Geräteteile zurückzunehmen und der Verwertung zuzuführen. Dritte können eingeschaltet werden.

- Geräteteile wie Gehäuse, Bildschirme, Tastaturen, Platinen etc. sind ausdrücklich einbezogen, auch wenn sie keine elektrischen oder elektronischen Bauteile enthalten.
- Die Rücknahmepflicht erstreckt sich auf Geräte gleicher Art. Eine Beschränkung auf ein bestimmtes Markenzeichen ist zulässig.
- Die Rücknahmepflicht entfällt bei Beteiligung an einem gemeinsamen Rücknahme- und Verwertungssystem.
- Die Rücknahme der nach Inkrafttreten hergestellten Geräte und Teile muß kostenlos erfolgen.
- Für Geräte und Teile, die vor Inkrafttreten der Verordnung hergestellt oder direkt im Ausland gekauft wurden, kann ein Entgelt verlangt werden.

Rücknahmetermine

01.10.1994

- Büro-, Informations- und Kommunikationstechnik,
- Fernsehgeräte mit mehr als 30 cm Bildröhre,
- Haushaltsgeräte,
- Entladungslampen.

01.01.19XX

- Übrige Geräte der Unterhaltungselektronik,
- Bild- und Tonaufzeichnungen und Wiedergabe,
- kleine Haushaltsgeräte,
- (Radio, Mikrowellengeräte etc.).

Freie Vertragsgestaltung

- Labor- und Medizintechnik für den gewerblichen Bereich,
- Geldverkehr im gewerblichen Bereich,
- Meß-, Steuerungs- und Regelungstechnik im gewerblichen oder industriellen Bereich.

Das Rücknahmeprogramm der IBM

- Rückblick
  - Ab 1990 für Kunden,
  - 7 Kategorien,
  - DM 50.- (Personal-System),
  - DM 4100.- (Main Frame).
- Logistik
  - Zentral in Nieder-Roden,
  - Platzspediteurnetzwerk,
  - Lieferantenkontrolle.
- Wiederverwendung
- Verwertung
- Entsorgung

Umweltfreundliche Produkte

- Möglichst lange Lebensdauer,
- umweltschonende Herstellungsprozesse,
- umweltfreundlicher Betrieb,
- unkritische Betriebsmaterialien,
- Reparaturfreundlichkeit,
- Produktrücknahmesystem.

Ausblick

- IBM Deutschland
- IBM International

Wiederverwendung

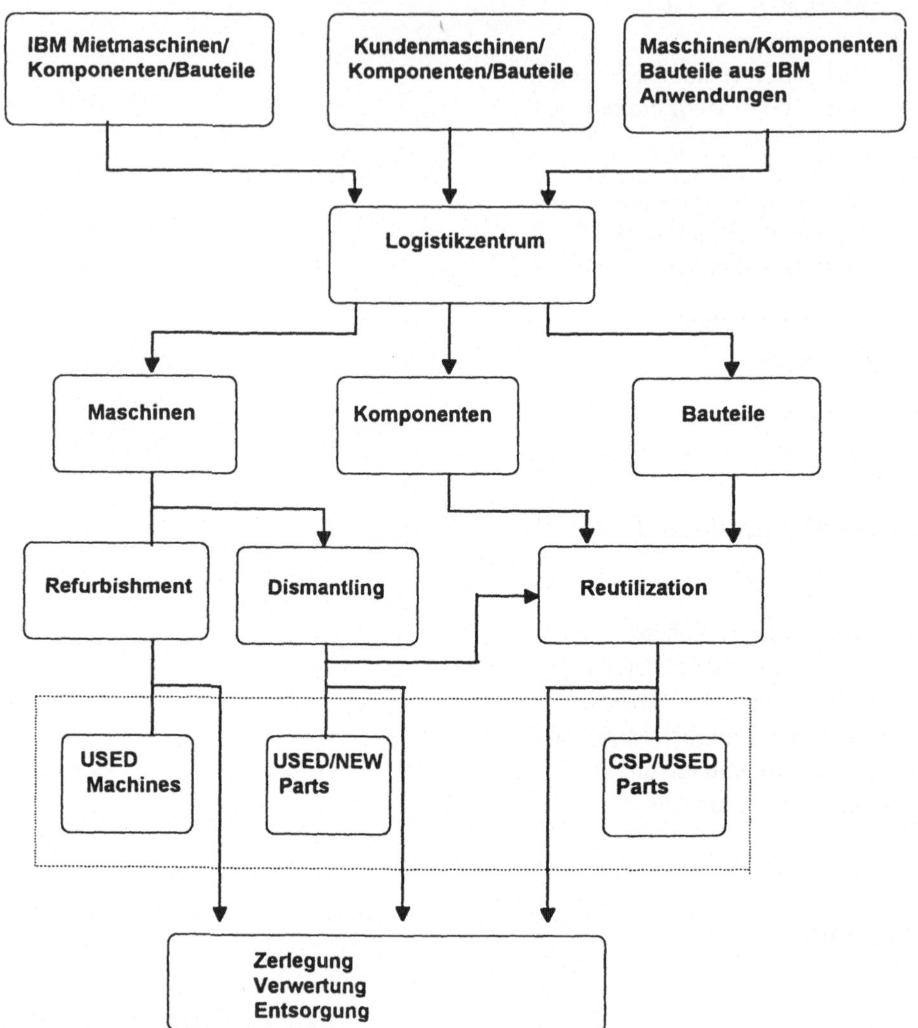

Abb. 1. Wiederverwendung

Verwertung/Entsorgung

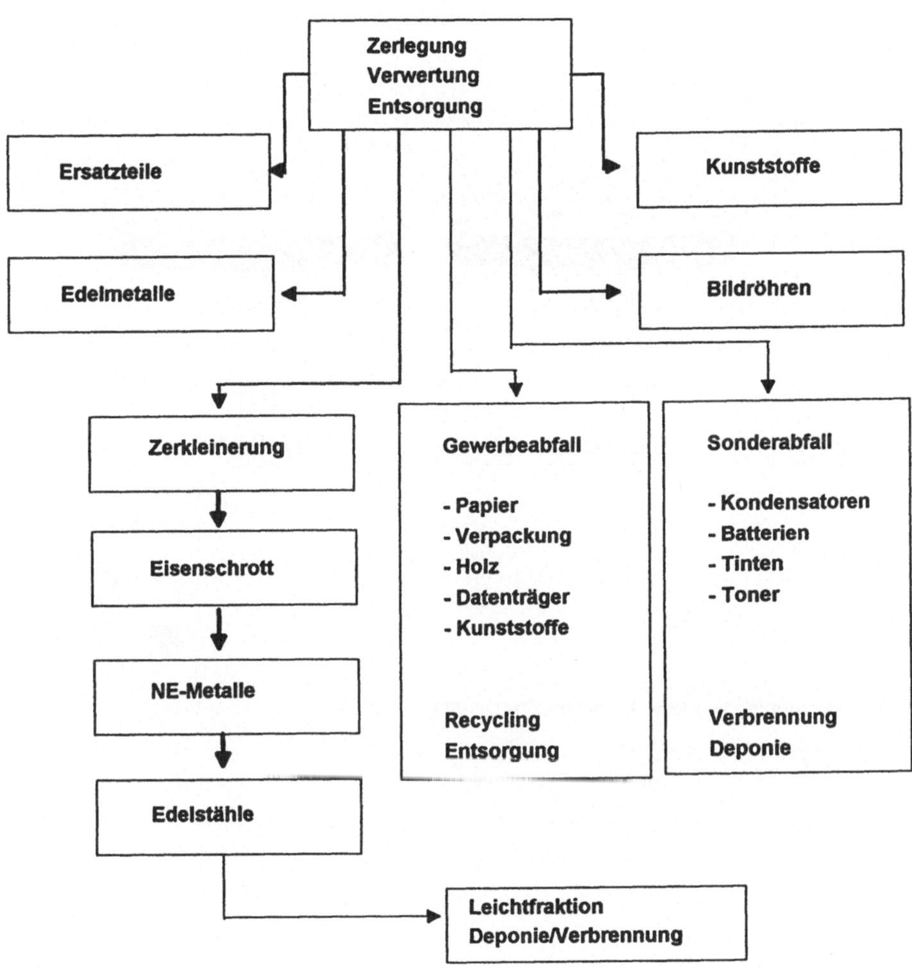

Abb. 2. Verwertung/Entsorgung

Entsorgung von IBM-Produkten 1992/1993

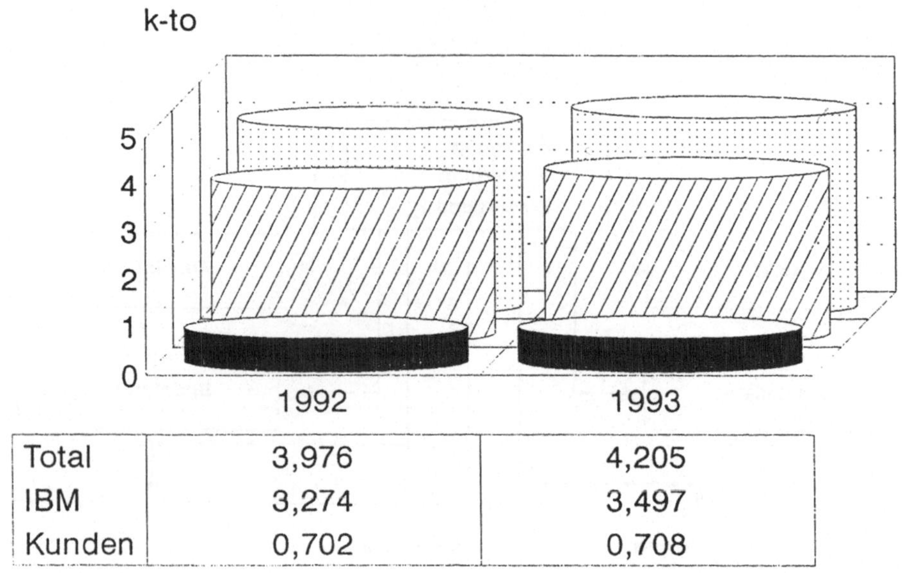

	1992	1993
Total	3,976	4,205
IBM	3,274	3,497
Kunden	0,702	0,708

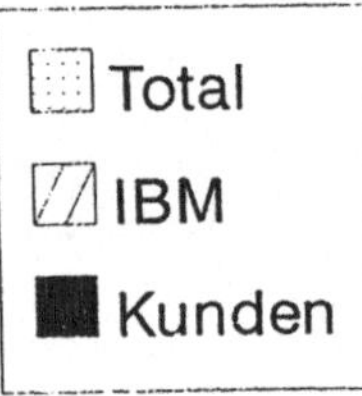

Abb. 3. Entsorgung von IBM-Produkten (1992/1993)

Entsorgung von IBM-Produkten 1993

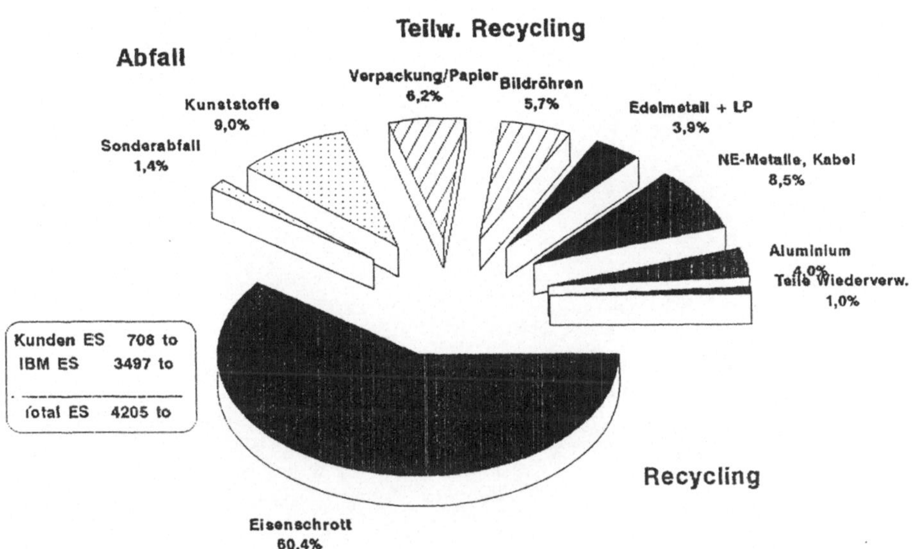

Abb. 4. Entsorgung von IBM-Produkten (1993)

Die Elektronikschrott-Verordnung aus der Sicht des Verordnungsgebers

Karin Fischer

Die Menge der in der Bundesrepublik Deutschland jährlich anfallenden Altgeräte läßt sich schwer abschätzen. Das Umweltbundesamt geht von einem jährlichen Aufkommen (an elektrischen und elektronischen Gebrauchsgütern aus privaten Haushalten und einer durchschnittlichen Nutzungsdauer von 10 Jahren) von ca. 800 000 t für die alten Bundesländer aus. Mit jährlichen Zuwachsraten von 5-10 % muß gerechnet werden (Abb. 1)

Elektronikschrott

- Quantitativer Faktor
  - ♦ 800000-1,5 Mio. t/a geschätzter Anfall
  - ♦ Tendenz: 5-10 % Steigerung/a
- Qualitativer Faktor
  - ♦ Produktvielfalt
  - ♦ Vielfalt der Inhaltstoffe
  - ♦ Langlebigkeit der Produkte

dies bedeutet:

ǂ biologisch abbaubar
ǂ grundwasserunschädlich
ǂ ohne Schadstoffemissionen verbrennbar
ǂ Deponieraum verfügbar

Abb. 1. Ausgangssituation

Die Entsorgung des Elektronikschrottes erfolgt bisher noch über den Hausmüll. Aber bereits das Gesetz über die Vermeidung und Entsorgung von Abfällen (Abfallgesetz) von 1986 fordert jedoch die Vermeidung, Verringerung bzw. umweltgerechte Entsorgung vor der bloßen Beseitigung.

Um diese Forderung durchzusetzen, steht der Bundesregierung dazu als Instrument der § 14 des Abfallgesetzes zur Verfügung, aufgrund dessen Hersteller und Vertreiber von Produkten zu einer Reihe von Maßnahmen verpflichtet werden können.

Eine dieser Maßnahmen kann die Verpflichtung zur Rücknahme, im speziellen Fall zur Rücknahme gebrauchter Elektro- und Elektronikgeräte, sein.

1986	Neues Abfallgesetz
11.07.1991	Entwurf der Elektronikschrottverordnung
04.10.1991	Anhörung der beteiligten Kreise
lfd.	Ressortabstimmungen
15.10.1992	überarbeiteter Entwurf der Verordnung
07.12.1992	Diskussion der Überarbeitung mit ausgewählten Beteiligten
?	Vorlage Bundeskabinett
?	Vorlage Bundesrat
01.01.199?	Inkrafttreten der Verordnung

Abb. 2. Elektronikschrott-Verordnung

Der Entwurf einer solchen Rücknahmeverpflichtung wurde am 11. 07. 91 vorgelegt mit folgendem Inhalt (Abb. 3):

Abschnitt I
§ 1 Abfallwirtschaftliche Ziele
§ 2 Anwendungsbereich
§ 3 Begriffsbestimmungen

Abschnitt II
§ 4 Rücknahmepflichten
§ 5 Entsorgung nicht verwertbarer Geräte oder Geräteteile
§ 6 Beauftragung Dritter

Abschnitt III
§ 7 Ordungswidrigkeiten
§ 8 Inkrafttreten

Abb. 3. Entwurf der Elektronikschrott-Verordnung

Die vom Abfallgesetz vorgeschriebene Anhörung der beteiligten Kreise fand am 4. 10. 91 statt. Die wichtigsten Ergebnisse daraus werden in Abb. 4 dargestellt.

Diese Einwände waren Gegenstand sich anschließender Abstimmungen mit den beteiligten Bundesressorts sowie zahlreicher Fachbesprechungen.

PRO

- Abfallwirtschaftliche Ziele
  - ♦ Substitution umwelt- und gesundheitsgefährdender Stoffe
  - ♦ Verwendung verwertbarer Produktteile und Materialien
  - ♦ Leichte Demontagemöglichkeit

- Genereller Handlungsbedarf

CONTRA

- Zeitlicher Rahmen
- Aufbau erforderlicher Entsorgungsstrukturen
- Kosten der Verwertung
- Einbeziehung der Importe
- Wettbewerbsnachteile für Mittelstand
- Produkthaftung für Vormaterial-/ Teilehersteller

Abb. 4. Ergebnisse bzw. Einwände bei der Anhörung

Im Ergebnis dessen wurde am 15. 10. 92 die Überarbeitung des Entwurfs der Elektronikschrottverordnung veröffentlicht, zu der am 8. 12. 92 ein weiteres Fachgespräch durchgeführt wurde.

1. Differenzierung Alt- und Neugeräte § 4 (2), § 5 (2)
2. Gleichstellung Importeure / Hersteller § 2 (3)
3. Möglichkeit der „Markenbeschränkung“ § 4 (3), § 5 (3)
4. Regelung für „kleine Verkaufsstellen“§ 4(5)
5. Präzisierung der betroffenen Geräte § 3 (1), § 4 (6), § 5 (5)
6. Einbeziehung der „Vorlieferanten“ § 3 (2) (3), § 4 (1), § 5 (1)
7. Einbeziehung von zeitweiseVertreibern § 2 (2)

Abb. 5. Neuerungen gegenüber dem Entwurf

Der Verordnungsentwurf sieht eine Rücknahmeverpflichtung von Handel und Hersteller vor, und zwar unabhängig davon, ob

– die Rückgabe im Zusammenhang mit dem Neukauf eines Gerätes oder
– ohne den Neukauf eines Gerätes erfolgt.

Im ersten Fall werden Hersteller und Vertreiber verpflichtet, am Ort der Auslieferung (Geschäft oder Wohnung des Kunden) ein gebrauchtes Gerät gleicher Art und Marke, die er im Sortiment führt oder geführt hat, zurückzunehmen. Dabei bedeutet "Gerät gleicher Art", daß nur ein solches Gerät zurückgenommen werden muß, welches die gleiche Funktion bzw. Zielsetzung wie das Neugerät erfüllt.

Im zweiten Fall, also bei der Rücknahme ohne Neukauf, besteht ebenfalls eine Rücknahmepflicht; allerdings beschränkt sie sich hier auf die Rücknahme im Geschäft. Die Rücknahmepflichten können die Händler auch dadurch erfüllen, daß sie sich an von der Wirtschaft betriebenen Rücknahmesystemen beteiligen.

Die zurückgenommenen Geräte oder Geräteteile sind anschließend vorrangig stofflich zu verwerten. Eine generelle stoffliche Verwertung – analog der Verpackungsverordnung – ist beim Elektronikschrott nicht möglich. Es handelt sich hierbei um eine breitgefächerte Produktpalette mit zum Teil hoher Lebensdauer.

Diese Altgeräte enthalten zum Teil noch Materialien (bromierte Leiterplatten, schwermetallstabilisierte Kunststoffe u. a.), die eine stoffliche Verwertung behindern oder ausschließen. Geräte oder Geräteteile, für die zum Zeitpunkt der Rücknahme keine technischen Möglichkeiten der Verwertung bestehen, sind der ord-nungsgemäßen Abfallentsorgung zuzuführen, d. h. sie werden in der Regel als Sonderabfall zu entsorgen sein. Gefahrenpotentiale sowie Verwertungsmöglichkeiten für Elektronikschrott sollen hier nicht weiter ausgeführt werden.

Der Verordnungsentwurf enthält weiterhin den Grundsatz der kostenlosen Rücknahme. Allerdings muß an einer Stelle aus verfassungsrechtlichen Gründen davon abgewichen werden: Für Geräte, die vor Inkrafttreten der Verordnung in Verkehr gebracht wurden, entfällt die Verpflichtung zur kostenlosen Rücknahme, nicht aber die Rücknahmeverpflichtung.

Noch für einen weiteren Fall gilt die kostenlose Rückgabe nicht: für die sogenannten Selbstimporte. Erwirbt ein Endverbraucher ein Gerät im Ausland, so hat er keinen Anspruch auf kostenlose Rücknahme.

Der Termin des Inkrafttretens der Verordnung (im Entwurf 01. 01. 94) ist derzeit noch offen.

Einbindung in das EG-Recht

Die Vermeidung und Verwertung von Abfällen sind anerkannte, in allen EG-Abfallrichtlinien festgelegte und damit von den Mitgliedsstaaten umzusetzende Ziele der gemeinschaftlichen Umweltschutzpolitik. Mit der Elektronikschrott-Verordnung wird daher lediglich bestehendes EG-Recht umgesetzt.

Verfahrensbeschreibung der Anlage zur Giftstoffentfrachtung und Wiederverwertung von Bildröhrenglas

Uwe Volkemer

Die Bildröhren-Recycling Gesellschaft mbH zerlegt nicht nur Elektronik- und Elektoschrott aller Art, sondern betreibt auch eine *TÜV-geprüfte* Anlage zur Giftstoffentfrachtung und Verwertung von Bildröhrenglas zwecks Gewinnung und Rückführung von sauberem Glasgranulat als Sekundärrohstoff in den Wirtschaftskreislauf. Eine Trennung von bleihaltigem Konusglas und barium-, zikoniumsowie strontiumhaltigem Frontglas wird derzeit nicht vorgenommen.

Die von Geräteherstellern, Groß- und Einzelhandel, den Mitgliedern des BEEV e.V. sowie den kommunalen Entsorgern anzuliefernden oder im Bedarfsfall abzuholenden Bildschirmgeräte und Monitore werden in aufwendigen, manuellen Arbeitsgängen von geschulten Fachkräften in folgende Hauptfraktionen zerlegt:

1 Eisen- und Nichteisenmetalle

Sie kommen als Gehäuse, Rahmen, Bauteilträger und Kühlungsbaugruppen vor und werden, nachdem sie sortenrein vorliegen, d. h. alle Verbunde müssen aufgelöst sein (z. B. Eisenblech, Alu-Blech, Alu-Guß, Kupferblech etc.), an örtliche Schrotthändler abgegeben.

2 Kunststofffraktionen

Sie fallen meist als Mischkunststoffe (ABS, PC, PP, PVC und PE) in Form von Gehäusen, Rahmen, Schalterteilen an. Sie werden als Sekundärrohstoff der Wiederverwertung zugeführt. Die SBR arbeitet hier mit der Fa. Cordier in Konken bei Kusel zusammen, die daraus Baustoffe herstellt.

3 Kabelfraktionen

Sie bestehen zum größten Teil aus Kupfer und stellen einen hochwertigen Sekundärrohstoff dar, der in den Wirtschaftskreislauf zurückgeführt wird. Die entfernten Kabelumhüllungen können, fein gemahlen, als Streugut in Pferdeställen und Reitanlagen verwendet werden.

4 Schalter, Stecker, Platinen und elektronische Bauteile

Sie werden von den zum Teil sehr hochwertigen Sekundärrohstoffen wie Gold, Silber, Platin, Palladium, Kupfer usw. befreit. Diese Stoffe gehen ebenfalls in den Kreislauf zurück. Der Rest kann meist der Kunststofffraktion zugegeben werden. Schadstoffhaltige Teile wie z. B. PCB-haltige Kleinkondensatoren, die in Altgeräten des öfteren noch in Hochspannungsbaugruppen vorkommen können, werden als Sondermüll entsorgt.

5 Motoren, Ablenkspulen und Transformatoren

Sie bestehen zum überwiegenden Teil aus Kupfer, Ferrit und Transformatorenblech. Die verschiedenen Materialien werden nach dem Spalten und Trennen dem Rohstoffkreislauf zugeführt.

6 Holzgehäuse

Sie kommen teilweise bei älteren Geräten vor und können aufgrund ihrer flammhemmenden Oberflächenbehandlung nur in speziellen Anlagen thermisch verwertet werden.

Die bisher genannten Fraktionen werden gesammelt und zur weiteren Verwertung an örtliche Schrotthändler oder an entsprechende Spezialbetriebe, meist Mitglieder des BEEV (z. B. an die TÜV-geprüfte MABA-GmbH in Mühlhausen-Ehingen) zur weiteren Feinverarbeitung abgegeben.

7 Bildröhrenfraktion

Sie verursacht den anlagentechnisch größten Aufwand bei der Aufbereitung von Bildschirmgeräten und Monitoren aller Art (s. Abb. 1 und Tabelle 1).

Nachdem die Röhren aus den Geräten ausgebaut und belüftet sind, gehen sie im ersten Arbeitsschritt in die manuelle Röhrenvorbereitung. Hier werden die Haltebänder entfernt sowie das höherwertige Nickeleisen der Lochmasken gewonnen. Dadurch können beide Metallsorten getrennt verwertet werden.

Über ein Beschickungsband gelangt das grobstückige Glas in die Mühle, wo es granuliert wird. Da die Mühle voll gekapselt ist, liegt der Pegel der Lärmemission weit unter dem gesetzlich vorgeschriebenen Grenzwert von 85 dB(A), was auch durch die TÜV-Überprüfung nachgewiesen wurde. Das Glasgranulat wird mittels Gebläse in ein Zwischensilo befördert. Da sich das Gebläse in der Kapselung befindet und dort durch die Luftansaugung einen Unterdruck aufbaut, wird der

Tabelle 1. Zusammensetzung der Bildschirmröhren

Die Elemente wurden nur in der Beschichtung der Bildschirmröhre quantitativ ermittelt.

Bildschirmröhre		Gewicht-%	ppm
Zusammensetzung der Beschichtung			
Kalium	K	0,075	750
Schwefel	S	0,027	270
Zink	Zn	0,022	220
Blei	Pb	0,011	110
Barium	Ba	0,01	100
Cadmium	Cd	0,0081	81
Aluminium	Al	0,0075	75
Yttrium	Y	0,0019	19
Eisen	Fe	0,0013	13
Titan	Ti	0,0007	7
Mangan	Mn	0,0006	6
Calcium	Ca	0,0006	6
Phosphor	P	0,00026	2,6
Europium	Eu	0,00015	1,5
Nickel	Ni	0,00012	1,2
Kupfer	Cu	0,00001	1
Chrom	Cr	0,00001	1
Strontium	Sr	0,00001	1
Quecksilber	Hg	Spuren	
Verlust		0,0086	86
Total der Elemente der Beschichtung		0,1742	1'742
Polyvinylacetat + Graphit		0,0558	
Glas		99,76	
Total der Bildschirmröhre		100,00	

beim Mahlvorgang entstehende Staub am Entweichen gehindert und mit dem Granulat zusammen in das Puffersilo befördert. Auch die Staubemission liegt, durch die TÜV-Prüfung nachgewiesen, weit unter den gesetzlichen Grenzwerten.

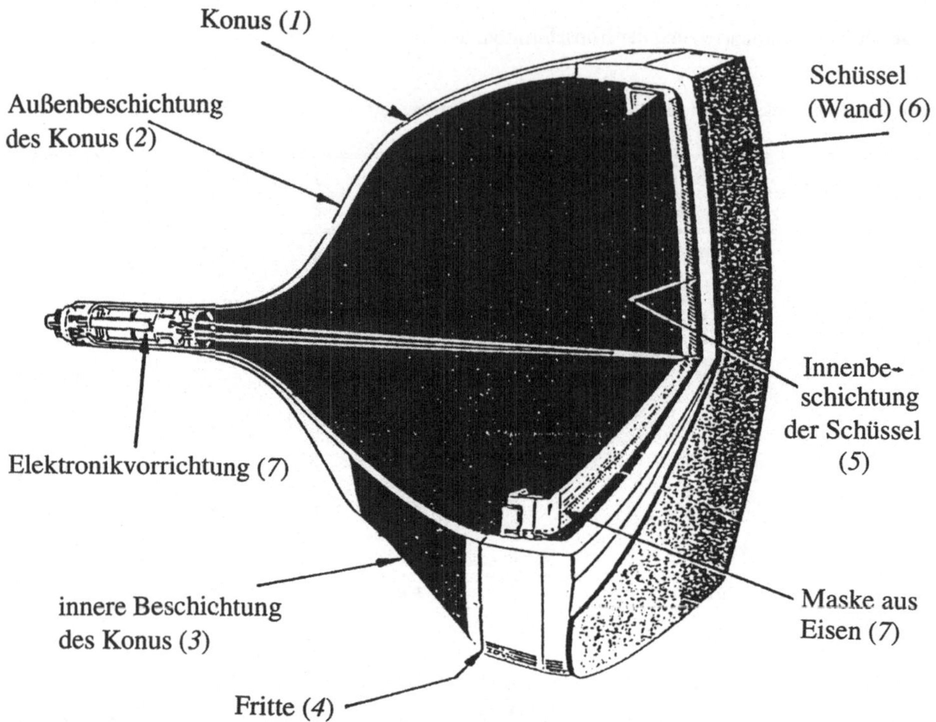

Abb. 1. Gesamtansicht der Bildschirmröhre, mit Aufbau und Zusammensetzung der einzelnen Teile von Monochrom- (MBSR) und Farbbildschirmröhren (FBSR). *1* Die Gläser der MBSR enthalten Pb, Ba und Sr; *2* aus Graphit und Polyvinylacetat; *3* bei MBSR bestehend aus mehreren Elementen, bei FBSR aus Fe_2O_3+Graphit; *4* besteht aus PbO, BaO und CaO und Klebstoff; *5* besteht aus mehreren Elementen (Leuchtmaterial z. B. Zn, Y, Eu, S, Cd usw.); *6* enthalten Pb und Ba bei MBSR und Ba und Sr bei FBSR; *7* enthält verschiedene Metalle (W, Ni, Pd)

Nun wird über das Silo mittels Förderband der diskontinuierlich laufende Wascher beschickt. Hier werden die umweltrelevanten Schwermetalle wie Blei, Barium, Cadmium, Europium, Yttrium usw. sowie Phosphor und Graphit, die etwa 0,05-0,1 % des Röhrengewichtes ausmachen, herausgewaschen. Diese Stoffe haften als "Leuchtschicht" auf der Innenseite des Bildröhrenglases und lassen sich weder durch einfaches Abkratzen noch Absaugen restlos entfernen. Der Wascher bewerkstelligt diese Aufgabe jedoch aufgrund seiner speziellen Form und Auslegung unter Zugabe von geringen Mengen Wasser in einem geschlossenen System.

Nach dem Waschen gelangt das Glasgranulat, dem die umweltrelevanten Stoffe zwar gelöst, aber als schlammige Schicht noch anhaften, in die Spüleinrichtung. Hier wird das Glas abgespült und danach der Verwertung zugeführt. Die Reinheit des Glases wird durch stichprobenartige Analysen immer wieder geprüft (Abb. 2).

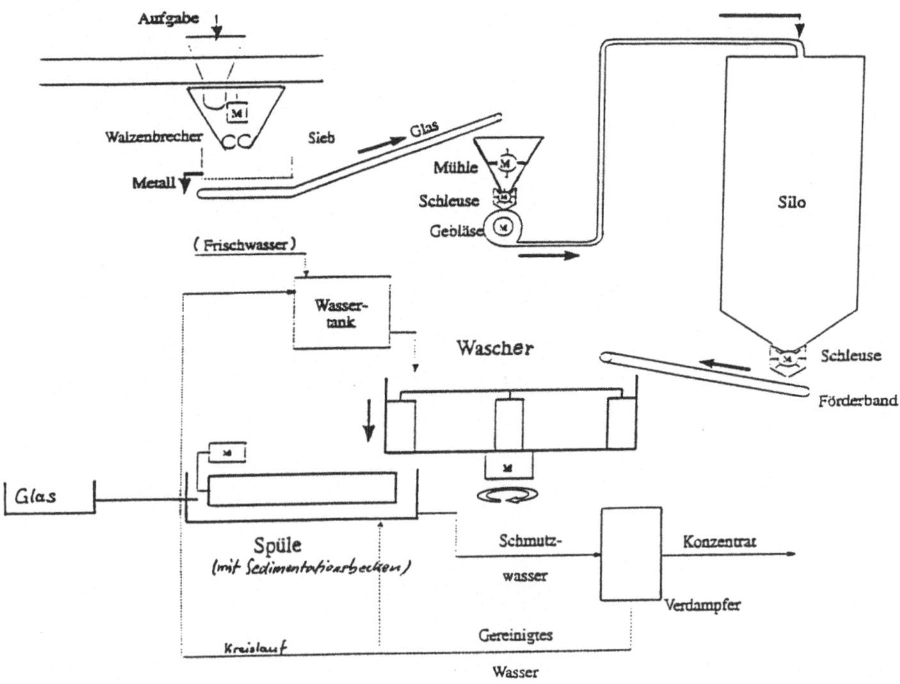

Abb. 2. Schema Bildröhrenrecycling

Die kritischen Stoffe im Spülwasser setzen sich zunächst in zwei hintereinander liegenden, und miteinander verbundenen Sedimentationsbecken ab. Das Wasser selbst wird innerhalb des geschlossenen Kreislaufes ständig durch ein Vakuumkondensierungsaggregat gereinigt. Das Kondensat wird dem Wascher sowie der Spülung erneut zugeführt. Die pastösen Feststoffe werden dem Sedimentationsbecken sowie dem Verdampfer entnommen und gesammelt. Da dieser Stoff theoretisch einen relativ hohen Wert darstellt (aufgrund der darin enthaltenen teuren seltenen Erden), lagern wir ihn für eine spätere Weiterverarbeitung zwischen. An entsprechenden Verfahren wird noch gearbeitet. Falls eine Verwertung durch die sich abzeichnenden sehr hohen Kosten nicht möglich sein sollte, müssen diese Stoffe der SAM angedient und als Sondermüll entsorgt werden.

Unser Betrieb wird vom *TÜV-Südwest* nach den BEEV-Richtlinien geprüft und überwacht. Unser Betrieb kann jederzeit besichtigt werden, denn unsere Devise lautet:

SERIOSITÄT durch TRANSPARENZ

Warum Recycling und Entsorgung?

Oliver Müller

Ökologische Gesichtspunkte

Verhinderung unkontrollierter
Entsorgung
Dadurch Verhinderung einer
Entgiftung
Zerstörung
Verschandelung
unseres Lebensrauames,
somti Schonung und Pflege
der "von unseren Kindern
geliehenen Welt"

Ökonomische Gesichtspunkte

Verhinderung von unvorhergesehenen Aktivitäten wie

- Säuberung und Rekultivierung von verseuchtem/verunreinigtem Lebensraum
- Rückgewinnung von Rohstoffen, die für unsere Industrie von Bedetung sind

Regeln für richtiges Recycling und Entsorgung (Allgemein und Elektronikschrott)

1. Auflistung und Definition aller Stoffe, die eine unmittelbare und mittelbare Gefährdung unseres Lebensraumes darstellen.
2. Auflistung aller aus wirtschaftlichen Gründen rückgewinnungswürdigen Rohstoffe.
3. Verfahren für gefahrlose Rückführung dieser Stoffe in den industriellen Prozeß.
4. Verfahren für sichere Endlagerung.
5. Verfahren zur Wiederaufbereitung und Wiederverwertung von Stoffen, die in großen Mengen anfallen, aber relativ „wertlos" sind, z. B. Kunststoffe.
6. Verfahren zur sicheren Trennung der Stoffgemische in die Grundkomponenten.
7. Interdisziplinäre Zusammenarbeit der Spezialistenteams in den einzelnen Fakultäten.

Recycling, ein sehr vielfältiges Betätigungsfeld

- Es sind nahezu alle Fakultäten unserer modernen Technik gefordert.
- In den einzelnen Fakultäten wird einschlägiges Wissen (Know-how) und ein hoher Grad an Spezialistentum vorausgesetzt bzw. gefordert.
- Daraus resultiert die Notwendigkeit einer sinnvollen Arbeitsteilung in einzelne Branchen.
- Die Branchen müssen andererseits wieder eng vernetzt sein, wenn es um Spezialaufgaben geht, die im Gesamtauftragsrahmen anfallen.
- Spezialaufgaben, wie Aufbereitung von Bildröhren oder Scheidung von Metallen, werden von den einzelnen Unternehmen an andere, die auf diese Techniken spezialisiert sind, vergeben und koordiniert.
- Alle unsere Produktionsstätten sind mit dieser Problemstellung konfrontiert.
- Verfahren der Entsorgung in den Betrieben sind bzw. werden installiert und reglementiert.
- In Betrieben und Fabriken mit Qualitätssicherungssystem nach DIN ISO 9000 ff ist es Aufgabe der QS-Leitung, neben allen anderen Aufgaben die Einhaltung der festgeschriebenen Verfahren und Abläufc im Rahmen von Recycling- und Entsorgungsaktivitäten zu überwachen.
- Auch werden präventiv Hilfen zur Identifizierung von Komponenten (z. B. Kunststoffen) installiert. So werden Organisationsanweisungen umgesetzt, die schon bei der Erstellung der Konstruktionszeichnung sichtbare und lesbare Kennzeichnung der Einzelteile vorschreiben.

Wie aber wird diese Forderung erfüllt in Betrieben, die sich ausschließlich auf Recycling spezialisiert haben?

Dienstleistungsunternehmen für Recycling

Für

Verpackungen,

Lacke, Lösungsmittel, Öle und

Elektronikschrott;

zum Beispiel

Quality Data Systems GmbH
Electronic Recycling GmbH

Beispiel: Elektronikschrottrecycling

Fraktionen Anteile in %	Metalle	Kunststoffe	Glas	Elektronik	Sonstige Stoffe	Tonnen je Jahr
Gebrauchsgüter gesamt	50%	21%	12%	3%	14%	900.000
Beispiel 1: Haushaltsgeräte	60%	24%	2%	<1%	14%	600.000
Beispiel 2: Unterhaltungs-elektronik	27%	20%	28%	9%	16%	250.000
Investitionsgüter gesamt	70%	23%	2%	4%	1%	600.000
Gesamtmenge	57%	22%	9%	3%	9%	1.500.000

GRAPHIK KELLERMANN FFM

ZVEI

Fraktionen, deren Verwertung besonders problematisch ist:
- *Kunststoffe (Inhalte u.a.: Flammhemmer, Füllstoffe): 22% Anteil am Gesamtaufkommen*
- *Bildröhrengläser (Inhalte u.a.: Blei, Barium): 6% Anteil am Gesamtaufkommen*
- *Elektronik, Platinen (Inh. u.a.: Kunststoffe, Kupfer, Blei) 3% Anteil am Gesamtaufkommen*

Abb. 1. Erwartete Abfallmengen gebrauchter elektrischer und elektronischer Geräte ab 1994 (alte Bundesländer)

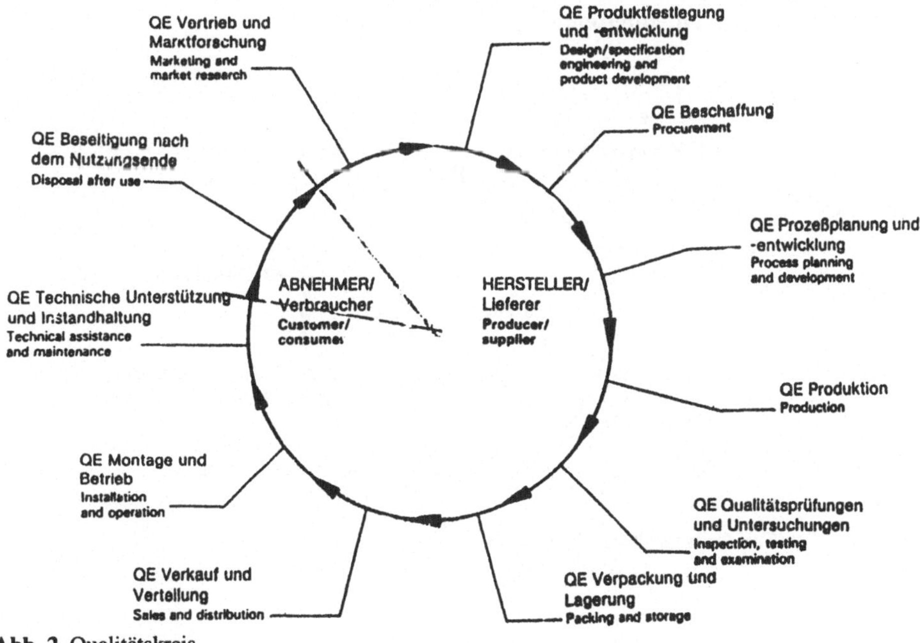

Abb. 2. Qualitätskreis

Gegenüberstellung der Qualitätselemente in der Produktion und im Entsorgungsbetrieb

Das Qualitätssicherungssystem wird typischerweise auf alle Ergebnisse von Tätigkeiten bezüglich der Qualität eines Produktes angewandt, und es steht in Wechselbeziehung zu diesem. Es enthält alle Phasen von der ersten Identifizierung bis zur abschließenden Erfüllung der Forderungen der Abnehmer.

Diese Phasen und Tätigkeiten können einschließen:

Produktionsbetrieb	**Entsorgungsbetrieb**
a) Vertrieb und Marktforschung	a) Marktbeobachtung bezüglich des Entsorgungsbedarfs
b) Produktfestlegung und Entwicklung	b) Anbieten der Dienstleistung
c) Beschaffung	c) Auswahl von Verwertern
d) Prozeßplanung/Entwicklung	d) Prozeßplanung/Entwicklung
e) Produktion	e) Zerlegung und Rückführung
f) Qualitätsprüfungen und Untersuchungen	f) Qualitätsprüfungen und Untersuchungen
g) Verpackung und Lagerung	g) Verpackung und Lagerung
h) Verkauf und Verteilung	h) Verwertung und Entsorgung
i) Montage und Betrieb	i) Demontage beim Kunden
j) Technische Unterstützung und Instandhaltung	j) Technologieberatung
k) Beseitigung (materieller Produkte) nach Nutzungsende	k) Rückführung von (Wert-) Stoffen

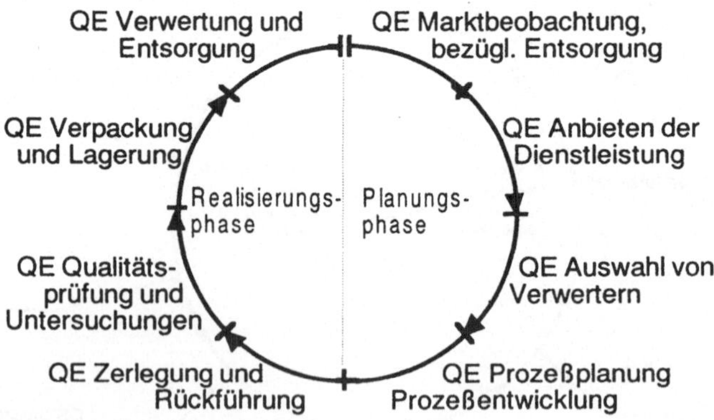

Abb. 3. Qualitätskreis für Entsorgungsbetriebe

Voraussetzungen, die vom Recycling-Unternehmen erfüllt werden müssen!

Lückenlose Nachvollziehbarkeit der einzelnen Aufträge beginnend mit der

- Auftragserteilung (Datum):
  - Auftraggeber,
  - Auftragsart,
  - Auftragsmenge/-umfang.
- Auftragsbearbeitung:
  - Eingangskontrolle,
  - FIFO,
  - Trennung der anfallenden „Einzelteile" in Fraktionen,
  - Zuordnung der Fraktionen zum jeweiligen Auftrag,
  - externe Bearbeitung bzw. Aufbereitung.
- Auslieferung (Datum):
  - Zahl der Fraktionen und deren Quantitäten,
  - Adressaten,
  - Ausgangsprüfung.
- Nachweis von Kontrollen und Protokollierungen durch autorisiertes Produktionspersonal.
- Durchführung und Protokollierung von internen und externen Analysen bei besonders kritischen Komponenten.
- Permanente Überwachung und Protokollierung der Ergebnisse von Meß- und Prüfeinrichtungen sowie Prozeß- und Aufbereitungsanlagen durch autorisiertes Produktionspersonal.
- Permanente Schulung und Überwachung des produzierenden Personals.
- Durchführung von regelmäßigen Reviews auf Einhaltung der Abläufe und Durchführung der vorgeschriebenen Kontroll- und Prüfaktivitäten durch QS-Personal.

Betrachtet man alle diese Forderungen, dann kommt man zu dem Schluß, daß ein solches Recycling-/Entsorgungsunternehmen die Anforderungen an ein industrielles

Qualitätssicherungssystem
nach DIN ISO 9001

erfüllen muß.

Für Unternehmen, die nach bestehenden, bewährten Verfahren sammeln, zerkleinern, trennen etc. gilt das Qualitätssicherungssystem nach DIN ISO 9002. Diese Unternehmen müssen ebenfalls wie andere Industrieunternehmen zertifiziert sein. Sie müssen regelmäßig oder auch unregelmäßig – ohne jegliche Ankündigung – überwacht (auditiert) werden.

Recycling 2000 – Auftragsabwicklung im Demontagebetrieb

Dieter Schreiber

Forderungen an das Softwarepaket

- Es soll die administrative Auftragsabwicklung in einem Recyclingbetrieb (Demontage) durchgeführt werden. Dies beinhaltet alle Materialbewegungen, Rechnungen und Gutschriften.
- Gegenüber den Aufsichtsbehörden soll ein lückenloser Buchungsnachweis (Betriebstagebuch) geführt werden. Wichtig dabei ist die Erstellung von Mengenbilanzen und der Nachweis über die beauftragten Verwertungsbetriebe, Deponien und Transporteure.
- Ein wichtiger Aspekt ist die Unterstützung einer wirtschaftlichen Betriebsführung. Dies soll erfolgen durch eine permanente Kostenkontrolle und die Überwachung der nachgeschalteten Verwertungsbetriebe.

Aufbau des Programmpakets

Grundsätzliche Vorgehensweise

Die einzelnen Verfahrensschritte sind miteinander verkettet. Das heißt, einmal gemachte Eingaben werden in den Folgemodulen übernommen. Beispielsweise werden die Ausgangsrechnungen auf der Basis der Wareneingänge erstellt.

Adreßdatei

In dieser Datei werden alle *Adressen,* mit denen Geschäftskontakte bestehen, erfaßt. Dies sind Kunden, Verwertungsbetriebe, Transporteure und Deponien. Zugeordnet werden den Adressen Warenein- und Warenausgänge, Rechnungen und Gutschriften. Bei Kunden erfolgt noch die Zuordnung zu einer von drei Preiskategorien.

Materialdatei

Für jedes Eingangs- und Ausgangsmaterial wird ein Datensatz angelegt. Bei Eingangsmaterial (Geräte) sind der *Preis* für die Fakturierung und die *Demontagekosten* vermerkt. Bei Ausgangsmaterial (Fraktionen), welches in die Kategorie Abfall fällt, sind die *Abfallschlüsselnummer* und die amtliche *Genehmigungsnummer* für die Entsorgung eingetragen. Für jede Materialposition wird eine Lager- und eine Preiseinheit festgehalten. Außerdem kann die Form der Lagerbuchung ausgewählt werden:

- Buchung auf Einzelposition,
- Buchung auf Kumulationsposition,
- keine Lagerbuchung.

Wareneingangsbuchung (Abb. 1)

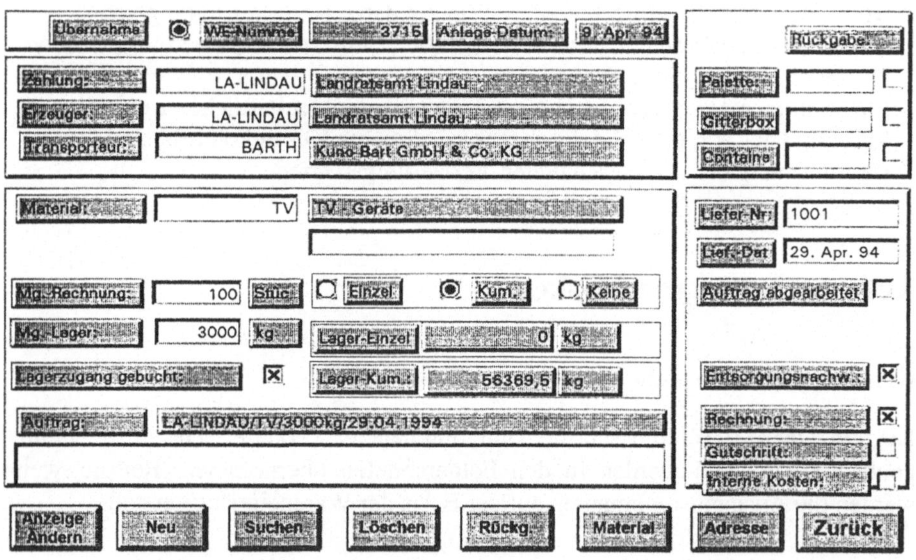

Abb. 1. Wareneingangsbuchung

Erfaßt werden die Adreßschlüssel: *Zahlungspflichtiger, Erzeuger* und *Transporteur.* Dies ist erforderlich für das Nachweisverfahren und die Rechnungserstellung. Zur *Materialart* wird die Eingangsmenge jeweils in Preiseinheits- und Lagermengeneinheit eingegeben. Die Lagerzugangsbuchung erfolgt je nach gewählter Buchungsart. Die *Auftragskennzeichnung* wird automatisch durchgeführt. Anhand dieses Auftragskennzeichens kann das Material über alle Buchungsebenen verfolgt und ausgewertet werden.

Erstellung von Ausgangsrechnungen (Abb. 2) und Entsorgungsnachweisen

Die Erstellung erfolgt auf der Basis der Wareneingänge und der abgespeicherten Preise im Materialsatz. Die Auswahl der Wareneingänge wird durch das Anklicken der entsprechenden Positionen durchgeführt.

Abb. 2. Ausgangsrechnung

Lagerbestandsführung

Der *Lagerzugang* des Eingangsmaterials (Fernsehgeräte, Computer usw.) erfolgt zusammen mit der *Wareneingangsbuchung*. Diese Buchung erfolgt entweder auf eine Materialeinzelposition oder auf eine Kumulationsposition, z. B. kg.

- **Materialeinzelposition:** Bei Entnahme von Material in die Werkstatt zur Demontage muß eine *Lagerabgangsbuchung* erfolgen. Nach der Demontage werden die ge-wonnenen Fraktionen zugebucht. Ein täglicher Erfassungsturnus erlaubt eine Aus-wertung nach Tagesleistung der Demontagewerkstatt. Der Lagerbestand der Fraktionen ist die Grundlage für die Verwertungsdisposition.
- **Kumulationsposition:** Es erfolgt keine Abgangs- und Zugangsbuchung der Demontagewerkstatt.

Der *Lagerabgang* von Fraktionen wird automatisch mit dem *Warenausgang* durchgeführt.

Warenausgangsbuchung (Abb. 3)

Erfaßt werden die Adreßschlüssel: *Empfänger, Erzeuger* und *Transporteur.* Dies ist erforderlich für das Nachweisverfahren und die Zuordnung von Eingangsrechnungen und Eingangsgutschriften. Zur *Materialart* wird die Ausgangsmenge jeweils in Liefer-schein- und Lagermengeneinheit eingegeben. Die Lagerabgangsbuchung erfolgt je nach gewählter Buchungsart. Wenn möglich, wird das Auftragskennzeichen des zu-gehörigen Wareneinganges übernommen. Aufgrund der Warenausgänge werden die Lieferscheine erstellt.

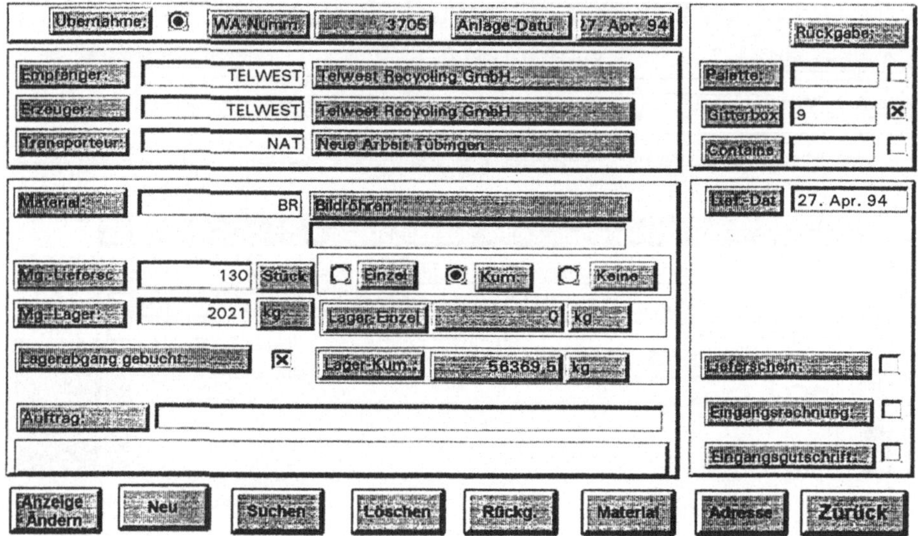

Abb. 3. Warenausgangsbuchung

Erfassung der Eingangsrechnungen und Eingangsgutschriften

Bei dieser Erfassung werden die *Eingangsrechnungen* und *Eingangsgutschriften* den entsprechenden *Warenausgängen* zugeordnet. Erforderlich sind diese Daten für eine komplette Erlöskontrolle.

Erfassung der internen-Kosten (Demontagekosten)

Für eine Wirtschaftlichkeitsbetrachtung ist es unumgänglich, auch die Demontagekosten zu erfassen. Das Programmpaket bietet hierzu zwei Möglichkeiten:

- Die Kosten werden anhand von *Wareneingängen* und *Standarddemontage kosten* ermittelt.
- Die Kosten werden auf der Basis von *echten Demontagezeiten* multipliziert mit einem *Lohnfaktor* ermittelt.

Auswertungen und Erlöskontrolle

Auswertungen über Kosten, Erlöse, Lagerbestand, Lagerbewegungen und Mengenstatistiken können über jeden gewünschten Zeitraum und nach den unterschiedlichsten Kriterien abgerufen werden. (Adreßschlüssel, Materialschlüssel, Auftrag).

Neben der Listenausgabe können die Daten an ein Grafikpaket z. B. MS-EXCEL übergeben werden und stehen als Diagramme zur Verfügung.

Diese Auswertungen dienen der Geschäftsleitung als Entscheidungsbasis für die Auswahl von besseren und kostengünstigeren Verwertungsmöglichkeiten.

EDV-Umfeld und Bedienungsoberfläche

Das Programmpaket ***Recycling 2000*** ist für einen preisgünstigen Personalcomputer Typ 386 oder höher konzipiert. Dabei kann es sich um einen Einzelplatz oder ein Netzwerk handeln. Der Aufbau ist modular und basiert auf dem neuen relationalen Datenbanksystem *MS-ACCESS* von *Microsoft.* Dessen modernes Applikationskonzept erlaubt eine schnelle Anpassung an individuelle Betriebserfordernisse. Als Bedienungsoberfläche dient das benutzerfreundliche *MS-WINDOWS.*

Programmanpassungen

- Bei Auftragsvergabe an die Schreiber-Organisation kommt die Run-time-Version zum Einsatz, und der Kauf des Microsoft-Access-Paketes ist nicht notwendig.
- Führt der Kunde die Anpassungen selbst durch, wird der Quellcode geliefert, und es muß das Microsoft-Access-Paket beschafft werden.

Landratsamt Lindau
Referat: Abfallentsorgung
Bregenzerstraße 25
88131 Lindau

Nachweis-Datum:	29. Apr. 94
Nachweis-Nr:	968
Kundennummer:	100044

Entsorgungsnachweis

WE-Nr.	Lief-Nr	Lief-Datum	Benennung	Menge	ME
3715	1001	29.04.19	TV - Geräte	100	Stück
3716	1001	29.04.19	Computer-Schrott	500	kg

Wir bestätigen, daß wir oben aufgeführte Geräte und Materialien im Rahmen der einschlägigen, gesetzlichen und behördlichen Vorschriften maximal stofflich verwertet und recycelt, sowie nicht recyclingfähige Reststoffe geordnet entsorgt haben.

Mit freundlichen Grüßen

Abb. 4. Entsorgungsnachweis

Landratsamt Lindau
Referat: Abfallentsorgung
Bregenzerstraße 25
88131 Lindau

Bitte bei Zahlung angeben

Rechnungs-Datum:	29. Apr. 94
Rechnungs-Nr:	2076
Kundennummer:	100044

Rechnung

Lief-Datum	Lief-Nr	Benennung	Menge	ME	Einzelpreis	Betrag
29.04.1994	1001	Computer-Schrott	500	kg	1,90 DM	950,00 DM
29.04.1994	1001	TV - Geräte	100	Stück	50,00 DM	5.000,00 DM

Rechnungswert ohne MWSt:	5.950,00 DM
MWSt-%: 7 MWSt-DM:	416,50 DM
Rechnungswert mit MWSt:	**6.366,50 DM**

Abb. 5. Rechnung

Kamet GmbH

Heilbronnerstraße 13

75031 Eppingen

Lieferschein-Datum:	29. Apr. 94
Lieferschein-Nr:	970
Kundennummer	

Lieferschein

Sie erhalten per: Spediteur ◉ frei Haus ○ unfrei

WA-Nr.	Benennung	Menge	ME	E-Palette	E-Gibo
3700	Leiterplatten-TV-ohne Kondensatoren	145	kg		1
3702	Kabel	179	kg		1
3703	E-Motoren	446	kg		1
3704	Ablenkspulen	209	kg		1

Abb. 6. Lieferschein

RECYCLING 2000 **30. Apr. 94**

Statistik nach Kunde (DM) **Zeitraum von: 01.10.1993** **Adressen-Kategorie: verw**

Zeitraum bis: 31.10.1993 **Adressen-Schlüssel: ***

Adressen-Kategorie	Schlüssel	Firma	Erlös	Kosten
VERW Verwerter				
	KAMET	Kamet GmbH	720,00 DM	401,70 DM
	MÖCK-PAPIE	Chr. Möck	528,56 DM	223,00 DM
	SOTEC	SOTEC		851,40 DM
	TELWEST	Telwest Recycling GmbH		12.708,00 DM
		Zwischensumme für VERW:	*1.248,56 DM*	*14.184,10 DM*
		Gesamtsumme:	*1.248,56 DM*	*14.184,10 DM*
		Ergebnis:	*-12.935,54 DM*	

Abb. 7. Statistik nach Kunde

RECYCLING 2000

Betriebstagebuch **Zeitraum-von: 01.03.1994 Zeitraum-bis: 31.03.1994 (Angabe der Menge)**

Datum	Schlüssel	Benennung	BA	Geb.	Zugang	Abgang	ME
01.03.1994							
	ABL	Ablenkspulen	LZ	Ja	28,00	0,00	kg
	BR	Bildröhren	LZ	Ja	38,00	0,00	kg
	COS	Computer-Schrott	WE	Nein	120,00	0,00	kg
	ESG	Elektro-/Elektronikschrott gemischt	WA	Ja	0,00	625,00	kg
	ESG	Elektro-/Elektronikschrott gemischt	WE	Nein	625,00	0,00	kg
	ESG	Elektro-/Elektronikschrott gemischt	WE	Ja	625,00	0,00	kg
	FE	Eisen-Schrott	LZ	Ja	180,00	0,00	kg

Abb. 8. Betriebstagebuch

RECYCLING 2000

Statistik WE/WA **Zeitraum von: 26.04.1994** **Material-Schlüssel: ***

Zeitraum bis: 30.04.1994 **Adressen-Schlüssel: ***

(Gruppierung nach Lagermengeneinheit)

ME	Schlüssel	Benennung	In Lagermengeneinheit Zugang (WE)	Abgang (WA)
kg				
	ABL	Ablenkspulen	0,00 kg	209,00 kg
	BR	Bildröhren	0,00 kg	2.021,00 kg
	COS	Computer-Schrott	500,00 kg	2.246,00 kg
	ESG	Elektro-/Elektronikschrott gemischt	1.302,00 kg	0,00 kg
	KABEL	Kabel	0,00 kg	386,00 kg
	LPTV	Leiterplatten-TV-ohne Kondensatoren	0,00 kg	638,00 kg
	MONITOR	Computer Monitor	92,00 kg	0,00 kg
	MOT	E-Motoren	0,00 kg	446,00 kg
	TV	TV - Geräte	4.954,00 kg	0,00 kg
		Summe kg:	**6.848,00 kg**	**5.946,00 kg**

Abb. 9. Statistik WE/WA

Materialfluß	**Lagerbuchung**	**Papiere**	**Erlöse/Kosten**
Anlieferung Geräte/Schrott			
Wiegen/Zählen/Einlagern	Wareneingang/Zugang	Entsorgungsnachweis	Ausgangsrechnung Ausgangsgutschrift
Entnahme Geräte/Schrott	ggf. Lagerabgang		
Demontage			Interne Kosten
Einlagern Fraktionen	ggf. Lagerzugang		
Ausliefern Fraktionen	Warenausgang/Abgang	Lieferschein	Eingangsrechnung Eingangsgutschrift

Abb. 10. Übersicht über die Auftragsabwicklung

Richtlinien für die Konstruktion entsorgungsgerechter Produkte

Peter-Jörg Kühnel

Mit der geplanten Elektronikschrott-Verordnung wird der Hersteller nicht nur zur Verwertung/Entsorgung gebrauchter Erzeugnisse verpflichtet, es wird ihm auch eine erweiterte Produktverantwortung zugewiesen.

Der Wandel zur abfallarmen Kreislaufwirtschaft (Abb. 1) ist zentrales Anliegen der gesamten Abfallgesetzgebung, sei sie noch in Vorbereitung oder bereits verabschiedet. Die Frage nach dem Zeitpunkt der tatsächlichen Inkraftsetzung der Elektronikschrott-Verordnung ist in dieser Hinsicht zweitrangig, da der Gesetzgeber so oder so entsorgungsfreundliche Produktgestaltung einfordert. Gleiches gilt für den Markt, der Umweltschutz erweist sich zunehmend als Wettbewerbsfaktor (Abb. 2).

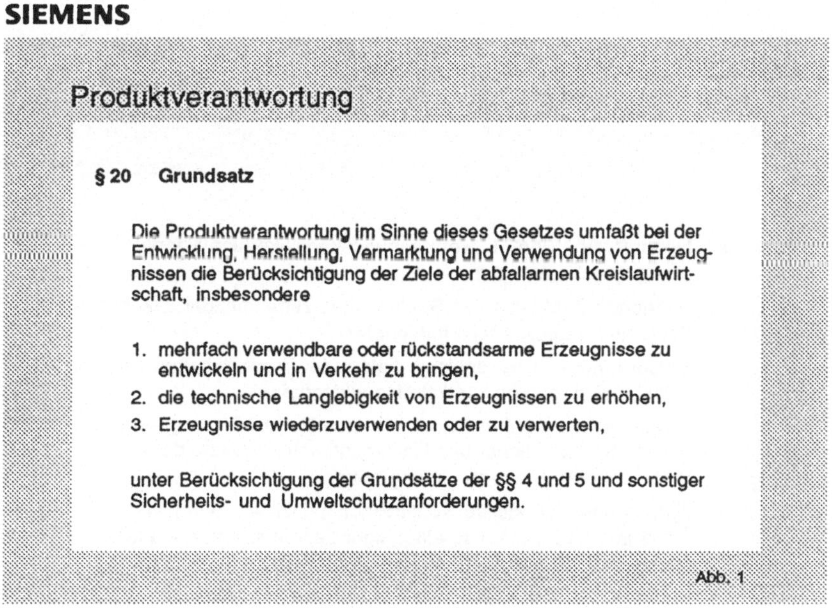

SIEMENS

Produktverantwortung

§ 20 Grundsatz

Die Produktverantwortung im Sinne dieses Gesetzes umfaßt bei der Entwicklung, Herstellung, Vermarktung und Verwendung von Erzeugnissen die Berücksichtigung der Ziele der abfallarmen Kreislaufwirtschaft, insbesondere

1. mehrfach verwendbare oder rückstandsarme Erzeugnisse zu entwickeln und in Verkehr zu bringen,
2. die technische Langlebigkeit von Erzeugnissen zu erhöhen,
3. Erzeugnisse wiederzuverwenden oder zu verwerten,

unter Berücksichtigung der Grundsätze der §§ 4 und 5 und sonstiger Sicherheits- und Umweltschutzanforderungen.

Abb. 1

Abb. 1. Kreislaufwirtschafts- und Abfallgesetz (Entwurf)

SIEMENS

Produktbezogener Umweltschutz

- Die Zielrichtung des Umweltschutzes wird sich von den Fertigungsprozessen zunehmend auf die Produkte selbst verlagern.
- Umweltverträglichkeit ist Erfolgsfaktor im Marketing und ein wichtiger Aspekt der Minimierung von Folgekosten.
- Umweltverträglichkeit der Produkte muß bereits bei der Produktplanung und Produktgestaltung berücksichtigt werden.
- Umweltverträglichkeit muß aber auch über das Ende der Lebensdauer der Produkte hinaus berücksichtigt werden. **Wiederverwendbarkeit, Produktverwertung, Recycling und umweltverträgliche Entsorgung sind hierfür maßgebende Kriterien.**
- Für Siemens-Produkte muß Umweltverträglichkeit ein Qualitätskriterium sein.

Abb. 2

Abb. 2. Produktbezogener Umweltschutz

SIEMENS

- Deponieraum und Müllverbrennungskapazität sind Engpaß und politisch umstritten
- Steigende Zahl kritischer Stoffe wegen zunehmender Erkenntnisse und verbesserter Meßverfahren
- Entsorgung wird wesentlicher Faktor der Produktkosten, dadurch Rückgewinnung von Werkstoffen wirtschaftlich
- Gesamtschau der Produktlebensdauer bis zur Entsorgung ergibt andere Konstruktions- und Kostenoptima und macht daher eine umfassendere Kostenrechnung nötig
- Entsorgungsfreundliche Konstruktionsprinzipien führen frühestens in 10-15 Jahren zu einer signifikanten Änderung in der Verwertbarkeit von Geräten

Abb. 3

Abb. 3. Elektronikschrott – Prämissen und Strategieüberlegungen

Eine Abschätzung der weiteren Entwicklung auf dem Abfallsektor zeigt, daß die Unternehmen auch aus Kostengründen gut beraten sind, Maßnahmen zur Verbesserung der Verwertbarkeit ihrer Erzeugnisse schnell einzuleiten (Abb. 3).

Aus den genannten ökologischen und wirtschaftlichen Bedingungen ergeben sich unmittelbar die Anforderungen an eine entsorgungsgerechte Konstruktion (Abb. 4). Dabei gehen einige Kriterien über die rein technische Dimension hinaus (z. B. Verringern der Materialvielfalt), sie erfordern geschäftspolitische Entscheidungen (z. B. Wiederverwendung). Die Umsetzung dieser Teile des Forderungskatalogs wird nur schrittweise erfolgen, mit Sorgfalt bedacht und erst nach einem angemessenen Zeitraum realisierbar sein. Erstes Ziel ist deshalb, die Konstrukteure zu sensibilisieren und ihre aktive Mitarbeit zur Umsetzung des zunächst ökologisch begründeten Forderungskatalogs zu gewinnen (Abb. 5).

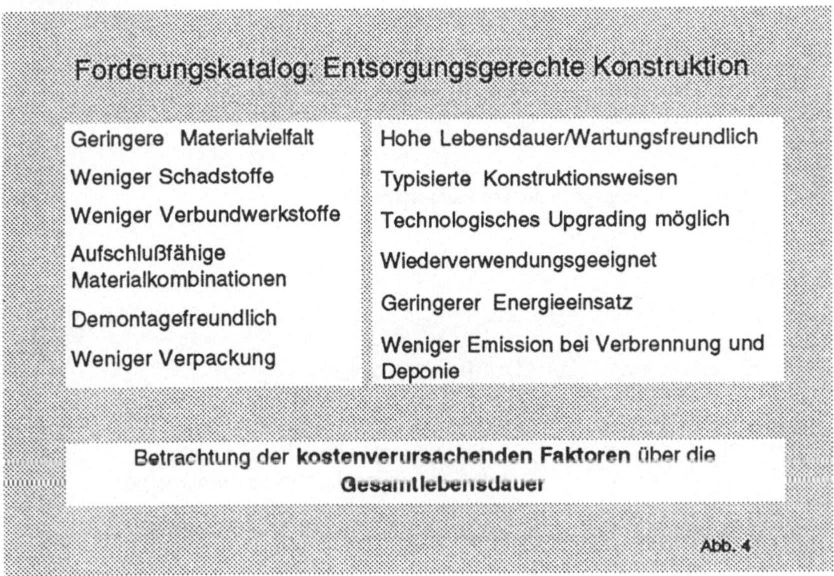

Abb. 4. Forderungskatalog entsorgungsegrechte Konstruktion

Das Erstellen von Konstruktionsregeln ist grundsätzlich mit der Unsicherheit behaftet, den Stand der Entsorgungstechnologie nach Ablauf der Lebensdauer, also in ca. 5 bis 15 oder mehr Jahren, nicht genau zu kennen (Abb. 6).

Ein weiteres Problem ist die Vielfalt elektrotechnischer Erzeugnisse, die sich in unterschiedlichen Materialzusammensetzungen und konstruktiven Prinzipien niederschlägt (Abb. 7).

Strategische Ziele

- Erarbeitung von Regeln und Checklisten aus Produktanalysen
- Einbringen von Regeln und Checklisten in die Entwicklungsprozesse
- "Umweltverträgliche Produkte" als Bestandteil der Qualitätsordnungen der SIEMENS AG
- Bewußtseinsbildung in Breite und Tiefe durch Einsatz bestehender Einrichtungen/Verfahren, z.B.
  - VV-Wesen
  - Wertanalyse
  - Siemens-Normen
  - Projektmanagement-Seminare

Abb. 5

Abb. 5. Fachteam entsorgungsgerechte Produktgestaltung

SIEMENS

Erstellen von Konstruktionsregeln

- Grundproblem: Produktkonstruktion heute regeln für die Entsorgungstechnologie von morgen
- Iterative Vorgehensweise erforderlich:
  - Stand und Mängel heutiger Entsorgungstechnik ermitteln,
  - zukünftige Entwicklungen erkennen und berücksichtigen
- Hilfsmittel sind:
  - VDI-Richtlinie 2243
  - Technologie-Planungen der Entsorger
  - Recyclingkonzepte der Rohstoffindustrie
  - Institute: Entwicklung technischer Einzellösungen

Abb. 6

Abb. 6. Erstellen von Konstruktionsregeln

SIEMENS

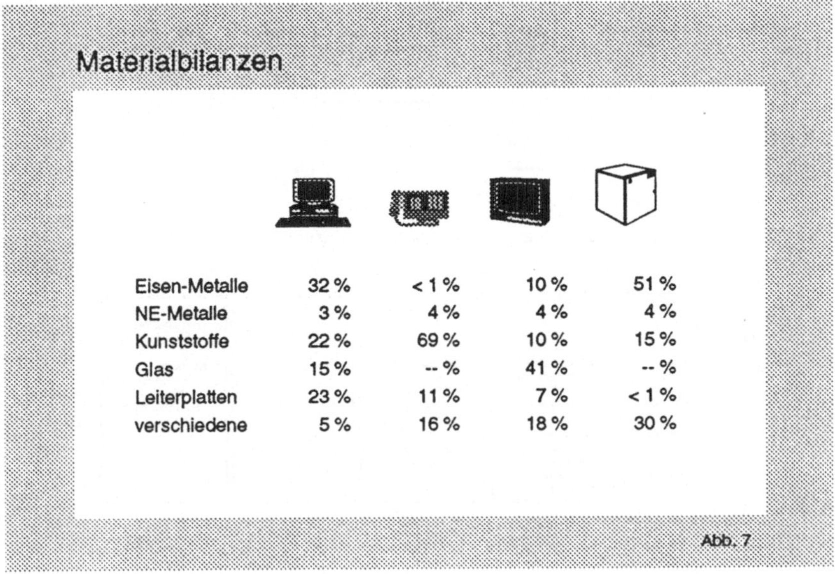

Eisen-Metalle	32 %	< 1 %	10 %	51 %
NE-Metalle	3 %	4 %	4 %	4 %
Kunststoffe	22 %	69 %	10 %	15 %
Glas	15 %	-- %	41 %	-- %
Leiterplatten	23 %	11 %	7 %	< 1 %
verschiedene	5 %	16 %	18 %	30 %

Abb. 7. Materialbilanzen

Angesichts der breiten Palette unserer Produkte wurde zum Themenkomplex Elektronikschrott-Verordnung vom Zentralvorstand ein Beraterkreis eingesetzt, der sich aus den für Umweltschutz verantwortlichen Bereichsvorständen zusammensetzt (Abb. 8). In dem ebenfalls gegründeten Fachkreis "Produktrecycling" und dessen Fachteams werden für die gezeigten Einzelthemen Vorschläge erarbeitet.

Die neue Konstruktionsnorm war Hauptaufgabe des Fachteams "Entsorgungsgerechte Produkte", wobei auch die Arbeitsergebnisse anderer Fachteams (Abb. 9 und 10) berücksichtigt wurden. Schwerpunkt waren jedoch Demontageversuche an typischen Produkten aus 9 Geschäftsbereichen (Abb. 11), die als Basis für die Konstruktionsrichtlinien dienten.

Die Norm (Abb. 12) beinhaltet neben technischen Anweisungen auch Einführungsempfehlungen und verankert die umweltverträgliche Produktgestaltung in den Produktentwicklungsplänen. Für die dort vorgesehenen Reviews wurden der Qualitätssicherung Checklisten (Abb. 13) an die Hand gegeben.

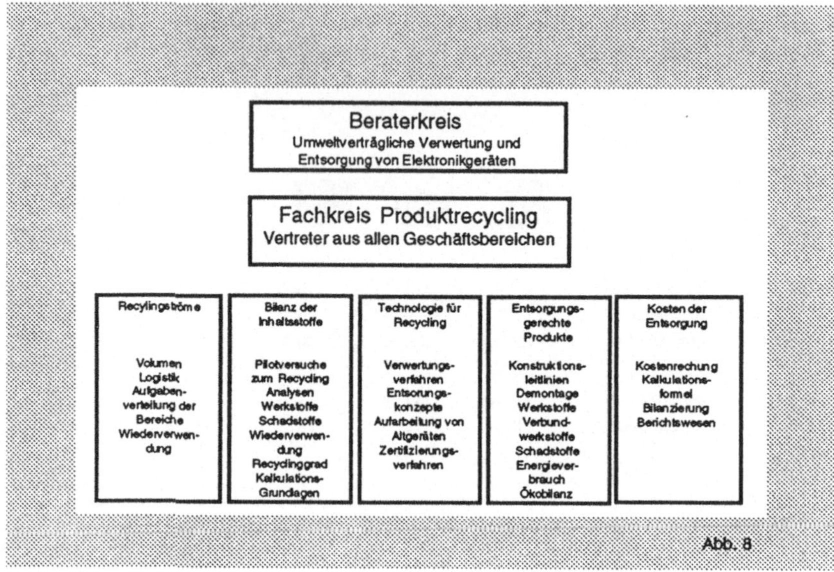

Abb. 8. Fachkreis Produktrecycling

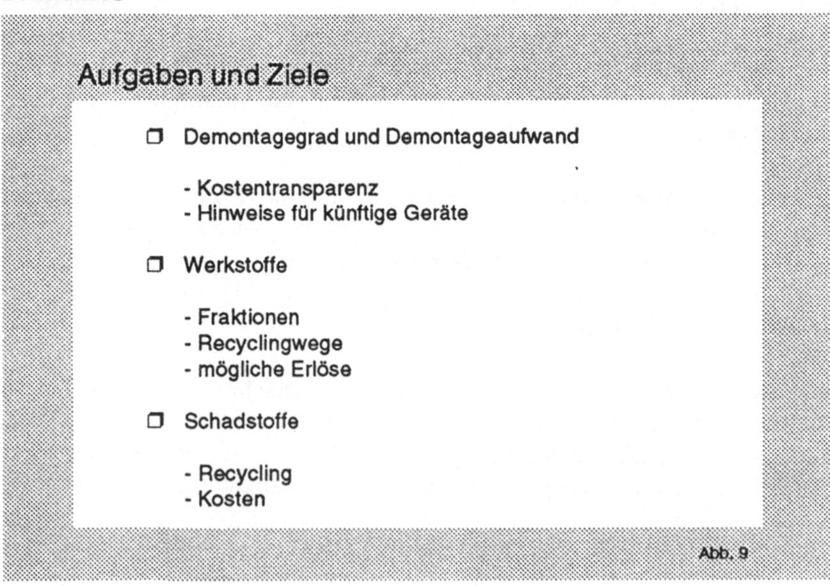

Abb. 9. Fachteam Inhaltsstoffe

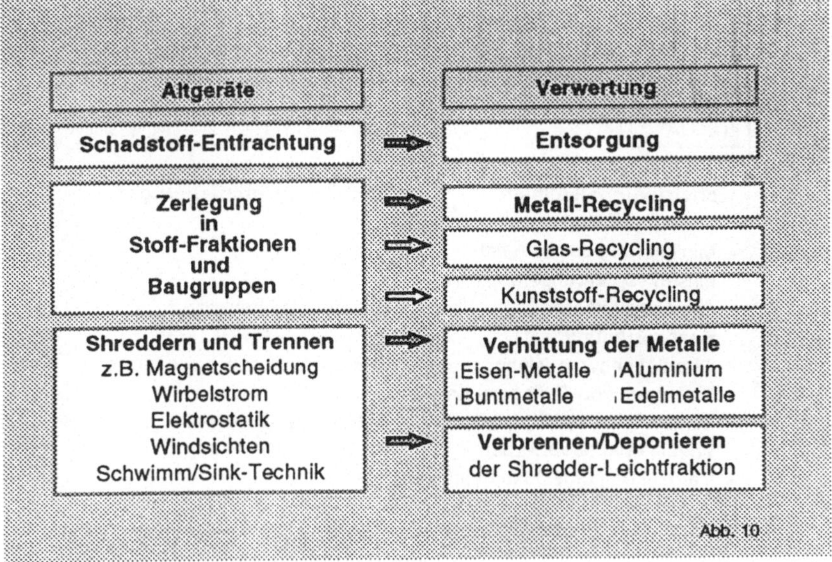

Abb. 10. Fachteam Technologie für Recycling

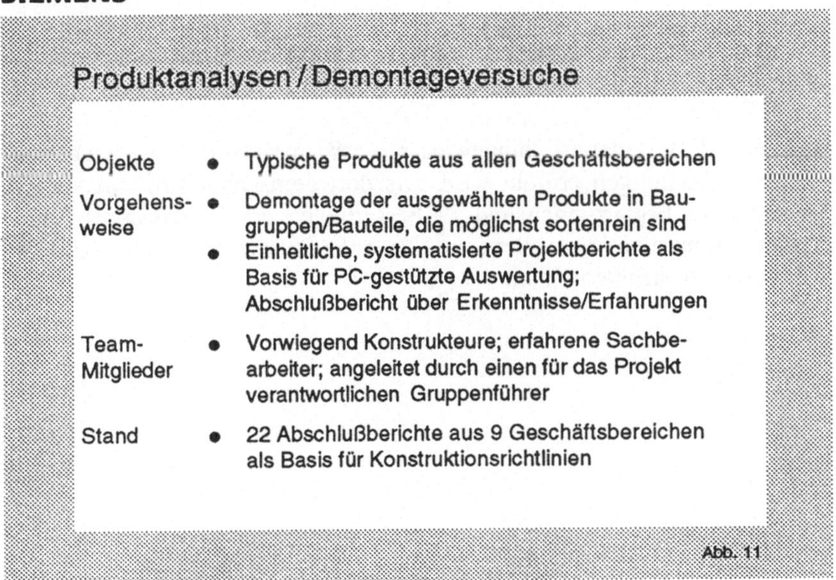

Abb. 11. Fachteam entsorgungsgerechte Produktgestaltung

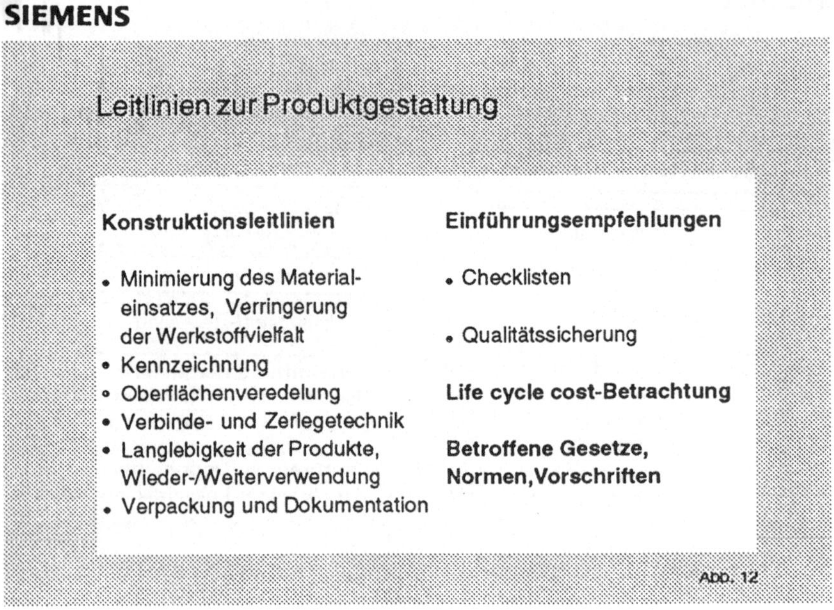

SIEMENS

Leitlinien zur Produktgestaltung

Konstruktionsleitlinien

- Minimierung des Materialeinsatzes, Verringerung der Werkstoffvielfalt
- Kennzeichnung
- Oberflächenveredelung
- Verbinde- und Zerlegetechnik
- Langlebigkeit der Produkte, Wieder-/Weiterverwendung
- Verpackung und Dokumentation

Einführungsempfehlungen

- Checklisten
- Qualitätssicherung

Life cycle cost-Betrachtung

Betroffene Gesetze, Normen,Vorschriften

Abb. 12

Abb. 12. Siemens-Norm "umweltverträgliche Produkte"

Von zentraler Bedeutung sind ferner die Hinweise für den demontagegerechten Aufbau (Tabelle 1). Sie erfordern vom Konstrukteur bereits in der Produktentstehungsphase eine gezielte Planung der späteren Verwertung eines Gerätes.

Abschließend sei darauf hingewiesen, daß die Norm in allen unseren Konstruktionsabteilungen erprobt wird. Die dort gemachten Erfahrungen werden kontinuierlich zu Ergänzungen und Verbesserungen des Regelwerkes führen. In dieser Phase kommt es vor allem auf die enge Zusammenarbeit von Umweltschützern und Konstrukteuren an.

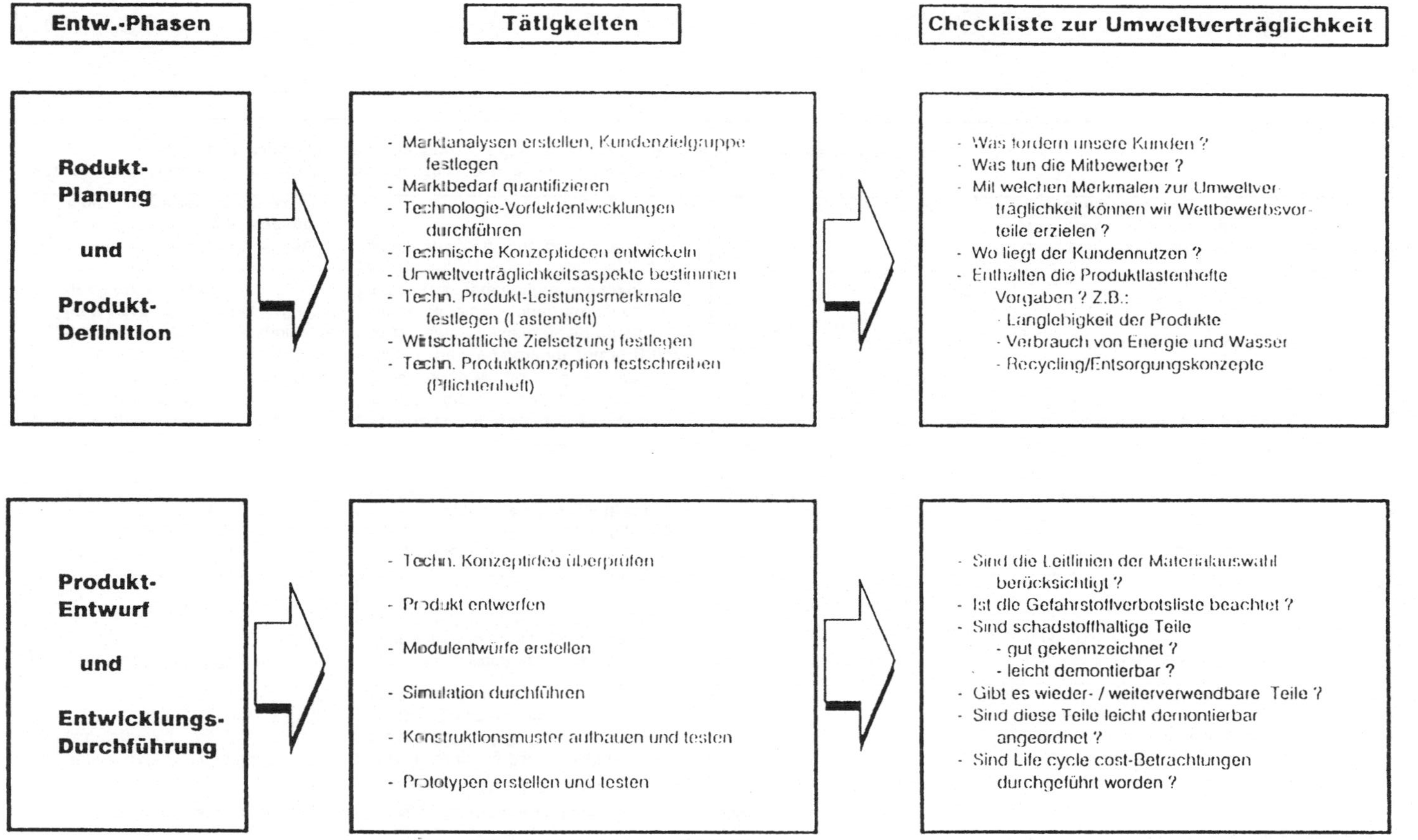

Abb. 13. Checkliste für Produktplanung, -definition, -entwurf und-entwicklungsdurchführung

Tabelle 1. Hinweise für eine demontagegerechten Aufbau

	Konstruktionselement enthält	Hinweise für die Demontage	Mögliche Trennstelle	Anmerkung
a	Umweltgefährdende Stoffe (z.B. Öl)	Unter Beachtung der Umweltgesetzgebung (z.B. WHG, AbfG, etc.) vor Demontage entnehmen und verwerten oder entsorgen.		Es sind Vorkehrungen zu treffen, damit die Entnahme schnell und gefahrlos erfolgen kann.
b	Schadstoffhaltige Bauteile	Separieren, wiederverwerten oder einer speziellen Entsorgung (i.d.R. Sonderabfall) zuführen.	Lösbare Verbindung	Auch nach Gebrauchsende noch funktionsfäig.
			Sollbruchstelle, Zugänglichkeit für Trennwerkzeuge	Bei der Entfernung dürfen keine Schadstoffe freigesetzt werden.
c	Baugruppen oder Bauteile, die einer Wiederverwendung oder Weiterverwendung zugeführt werden.	Es dürfen bei der Entnahme aus dem Geräteverbund keine Beschädigungen an den Baugruppen und Bauteilen auftreten.	Lösbare Verbindung	Auch nach Gebrauchsende noch funktionsfähig
			Sollbruchstelle an der Halterung, Zugänglichkeit für Trennwerkzeuge an der Halterung	Das abgetrennte Teil der Halterung soll von dem wieder- bzw. weiterverwendbaren Teil leicht entfernbar sein.
d	Baugruppen oder Bauteile, die einer speziellen Wiederverwendung oder Weiterverwertung zugeführt werden oder durch deren Entnahme das Deponievolumen reduziert wird (z.B. Ballastgewichte aus Beton.	Separieren von Baugruppen bzw. Bauteilen für die es eingeführte Entsorgungsverfahren gibt (z.B. Motoren, elektrische Steuerungen, Kabel, große sortenreine Kunststoffteile) oder die sortenrein einen hohen Stofferlös ergeben (z.B. nichtrostende Stähle).	Verbindung, lösbar z.B. durch mechanische Entkopplung, Temperatur, Ultraschall, etc.	Auch nach Gebrauchsende noch funktionsfähig
			Sollbruchstelle, Zugänglichkeit für Trennwerkzeuge	Ein abgetrenntes, aber noch anhaftendes Teil darf die Recyclingfähigkeit nicht beeinträchtigen (z.B. Metall an einem Kunststoffteil, Cu an Stahl)
e	Geräte, Baugruppen oder Bauteile, die nicht den Kategorien a bis d zugerechnet werden	Grobe, mechanische Zerkleinerung		Die Metallfraktion wird separiert, der Rest wird der Deponie oder einer thermischen Verwertung zugeführt.

Anmerkung: Die Gestaltungsgrundsätze müssen sich an den zukünftigen Entsorgungstechnologien orientieren.
Die anzustrebende Demontagetechnik ist mit kompetenten Entsorgungsfachleuten abzustimmrn.

Leistungsübersicht Öko-Audit und Umweltmanagement-Beratung

Betriebliche Abfallbilanzen (BAB)
Betriebliche Abfallwirtschaftskonzepte (BAWK)

Das Landesabfallgesetz des Landes Nordrhein-Westfalen nimmt gewissermaßen Regelungen vorweg, die ähnlich in der Novellierung befindlichen Abfallgesetz des Bundes ("Kreislaufwirtschaftsgesetz") vollzogen werden sollen.

Im Sinne beider Gesetze bieten wir an:

- die Aufnahme des abfallwirtschaftlichen **Ist - Zustandes**
- die Erstellung eines betrieblichen **Abfall- und Reststoffkatasters**
- die Nutzung oder Erstellung einer **abfallwirtschaftlichen Stoffdatenbank**
- Erstellung der **Abfall/Restoffbilanz** (Art, Menge und Verbleib aller Abfälle)
- Darstellung der **Vermeidungs/Verwertungspotentiale**
- Aufzeigen der Wege der betrieblichen **Abfallvermeidung/-verwertung**
- Zurückdrängen der Hemmnisse für die **Vermeidung/Verwertung**
- Bewertung der Produkteigenschaften in Bezug auf die spätere **Verwertbarkeit/ Entsorgung nach Wegfall der Nutzung**
- Darstellung/ Konzipierung einer **fünfjährigen Entsorgungssicherheit**
- Darstellung der abfallwirtschaftlichen **Personalressourcen** und deren **Organisation/Kompetenzen**
- **Dokumentation** abfallwirtschaftlicher Leistungen und Planungen

Leistungsübersicht Öko-Audit und Umweltmanagement-Beratung

Öko-Auditing und Umwelt-Management

Die **Organisation des Umweltschutzes** des Unternehmen mußte bisher bereits nach § 52a BImSchG für genehmigungsbedürftige Anlagen gegenüber der Behörde dargestellt werden. Wegen der rasant zunehmenden Regelungsdichte im **Umweltrecht** verwenden weitsichtige **Unternehmer** das Instrument des **Öko-Audit** zur langfristigen Vorsorge und Zukunftssicherung.
Mit dem Inkrafttreten der EG-Verordnung Nr. 1836/93 vom 29.06.1993 über ein Gemeinschaftssystem für das **Umweltmanagement** und die **Umweltbetriebsprüfung** ist ein verbindlicher Rahmen für die Durchführung von Umweltbetriebsprüfungen **(Öko-Audits)** vorgegeben und der Umfang der Untersuchungen festgelegt:

- wir führen Ihr **Öko-Audit** gemäß EG-Verordnung durch
- wir erarbeiten mit Ihnen die **Umweltziele** Ihres Unternehmens
- wir planen und organisieren Bestandsaufnahmen Ihres Umweltschutzmanagements (**Umweltprüfung** gemäß EG-Verordnung)
- wir konzipieren geeignete Strukturen für das **Umweltmanagementsystem** Ihres Unternehmens,
- dabei werden Aufgaben und Verantwortlichkeiten klar beschrieben.
- wir helfen bei der Diskussion und Präsentation des veränderten Umweltmanagementsystems im Unternehmen und beim Vorbereiten der **Umwelterklärung**
- wir organisieren und moderieren **Mediationsverfahren** zur Beilegung von Konflikten, die durch die Neuordnung von Aufgaben, Über- und Unterstellungen entstehen
- wir formulieren das **Umweltschutzhandbuch** des Unternehmens, das das neue Umweltmanagementsystem nach innen und außen verbindlich dokumentiert
- wir beraten das Umwelt-Management bei der Auswahl geeigneter und angepaßter **EDV-Systeme** zur Präsentation erzielter **Erfolge im Umweltschutz** des Unternehmens

Leistungsübersicht Öko-Audit und Umweltmanagement-Beratung

EDV - Unterstützung der betrieblichen Abfallwirtschaft

In §13 und §19 der Abfall- und Reststoffüberwachungs-Verordnung vom 3. 4. 1990 ist das Übergeben abfallwirtschaftlicher Daten aus dem Entsorgungs- und Sammelentsorgungsnachweisen wie auch für die Begleitscheine an die Überwachungsbehörden in digitalisierter Form ausdrücklich vorgesehen. EDV Systeme unterstützen neben der Nachweiserstellung die **Betriebsbeauftragten für Abfall** in vielerlei Weise:

- Verfügen über Erzeuger- Beförderer- Entsorger**stammdaten,**
- Abfall- und Reststoff**kataloge,**
- betriebliche **Abfallkataster,**
- gesetzes- und Verordnungs**texte,**
- Stoffdaten, **GGVS-**Klassifizierung
- **kontinuierliche Überwachung** von Entsorgungswegen, Abfallmengen und Entsorgungs**kosten**, Aufwandsermittlung
- **Bericht**erstellung, Nachweisbücher, Auswertungen
- **Termin**wesen, Überwachung von Rückmeldungen

In einigen Programmen sind noch **weitere Dienste** möglich:

- Hinterlegung betriebsspezifischer **Check- Listen**
- Anbindung externer Verwerter und **Entsorgerlisten, Reststoffbörsen, Datenübergabe** zwischen verschiedenen Firmenstandorten
- Datenübergabe zu **Behörden** on line
- Datenanbindung an **Waage**, Ein- und Ausgangskontrolle
- **Textverabeitung**, Mahnbescheidserstellung
- **Tabellenkalkulation,** graphische unterstützte Berichterstattung
- **Fakturierung**, Kundenkonditionen, Rabatte, **Tourenplanung**, Container- und Fahrzeugeinsatz
- Lagerverwaltung, Faßlagerverwaltung

UMWELTINSTITUT OFFENBACH, Nordring 82B, 63067 Offenbach Tel.: (069) 810679 Fax: (069) 823493

Leistungsübersicht Öko-Audit und Umweltmanagement-Beratung

Wir bieten **produktunabhängige Beratung** an, um das **optimale System für Ihr Unternehmen** zu finden:

- Wir informieren in einer **Eingangsberatung** über die grundsätzlichen Möglichkeiten der EDV - Unterstützung
- wir präzisieren Ihre **firmenspezifische Anforderungen** nach ausführlichem Dialog mit den Fachabteilungen in einem **Pflichtenheft**
- wir schreiben die Leistungen aus und treffen mit Ihnen eine **Entscheidung** für ein Produkt oder eine Produktkombination
- wir stellen den **Datenaustausch** zwischen den verschieden Systemmodulen sicher
- wir koordinieren die **Installation** des Systems
- wir stellen die **Schulung** zur Einführung des Systems sicher
- wir stehen während der **Anlaufschwierigkeiten** bei Übernahme in die Betriebsroutinen zur Verfügung

Leistungsübersicht Öko-Audit und Umweltmanagement-Beratung

Umweltpolitische Ausgangssituation für Anbieter außerhalb der BRD und Töchter ausländischer Unternehmen

- wir stellen den aktuellen **Stand der Umweltpolitik** dar
- wir zeigen geplante Vorhaben und **Trends derUmwelt- Gesetzgebung** der BRD auf
- wir erläutern das föderale System und und die gesetzgeberischen Kompetenzen der Landesregierungen **(Ländergesetzgebung)**
- wir erklären den Verwaltungsaufbau und die **Zuständigkeiten** der Genehmigungs- und Überwachungsbehörden
- wir klären über **haftungs- und strafrechtliche Risiken** auf
- wir zeigen die **genehmigungsrechtlichen Wege** nach UVPG, BImSchG, WHG, AbfG, BNatSchG, Baugesetzbuch auf.
- wir schätzen die Genehmigungsfähigkeiten und die **Dauer der Genehmigungsverfahren** für Sie ein
- wir bereiten Ihre **Antragsunterlagen** vor und verhandeln mit den Genehmigungsbehörden
- wir schreiben als leitendes Büro die für die Antragsstellung erforderlichen **Untersuchungen und Gutachten** aus
- wir vergeben die **Leistung** in Absprache mit Ihnen
- wir bereiten **Koordinationskonferenzen** mit allem Beteiligten vor und führen sie durch